彩图 1

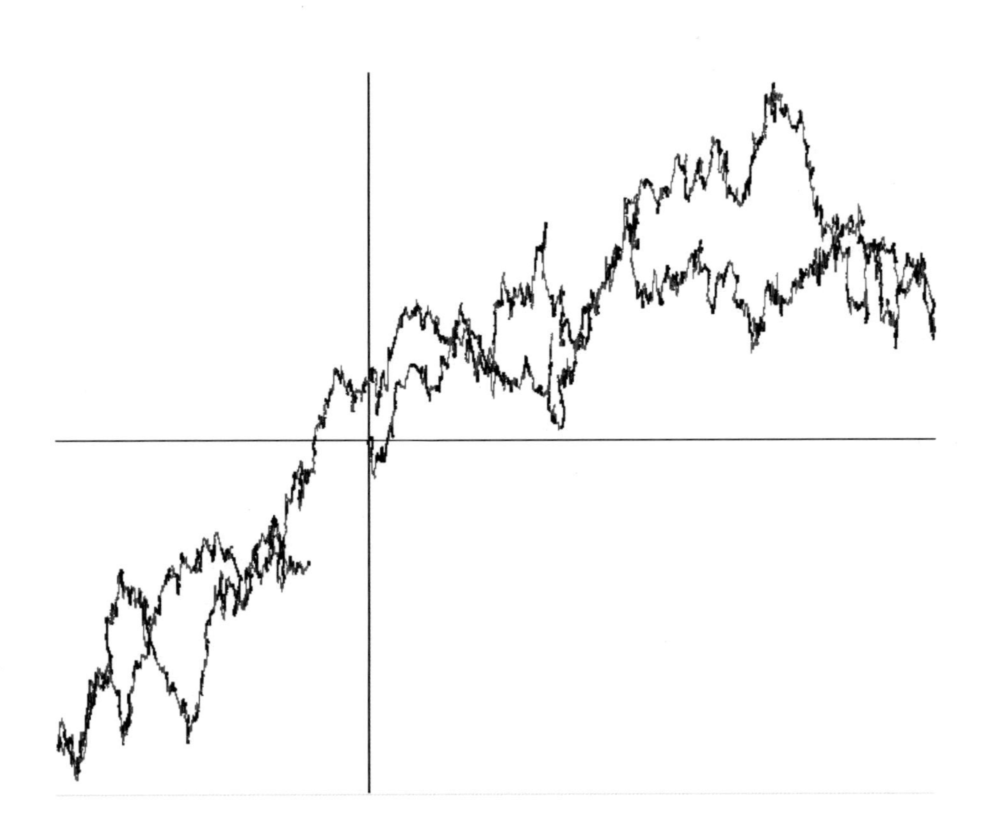

彩图2

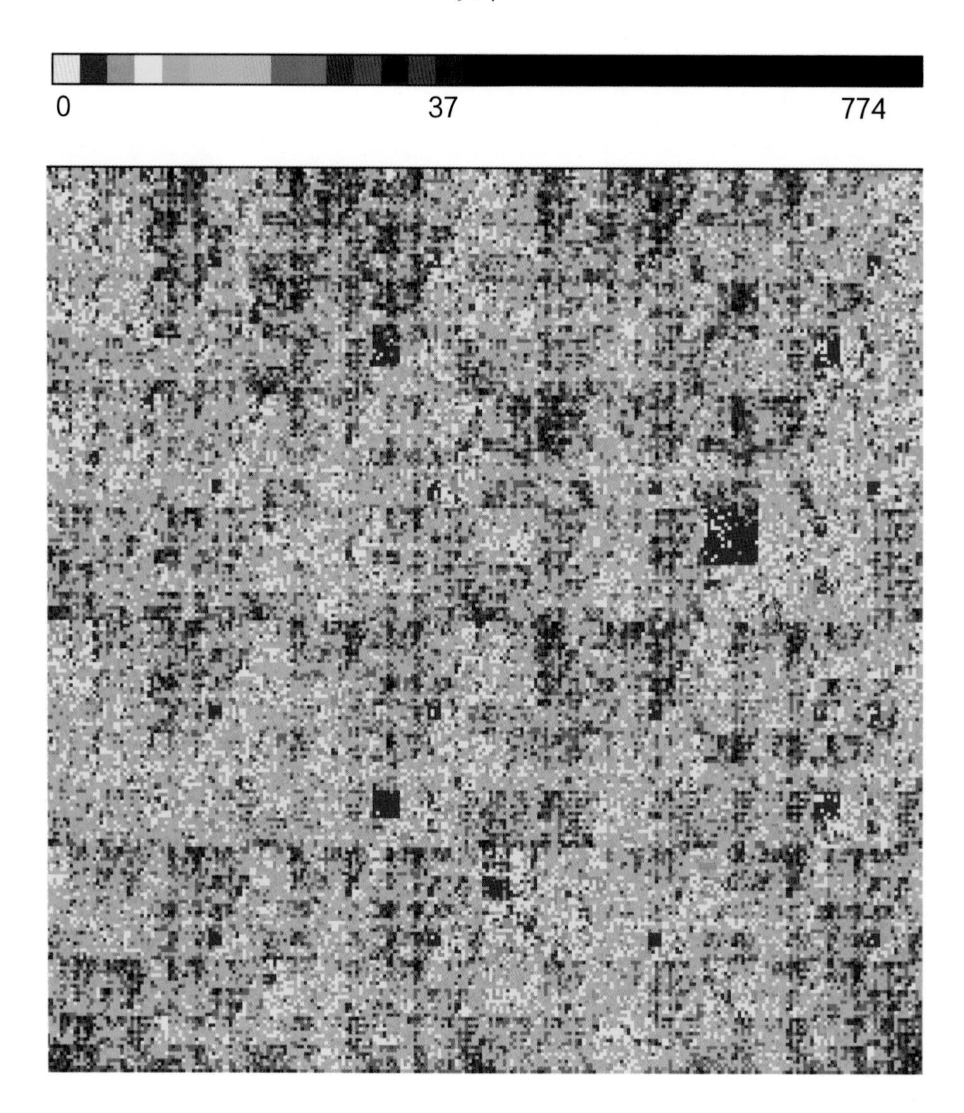

Escherichia coli strain K12（K=8）

彩图3

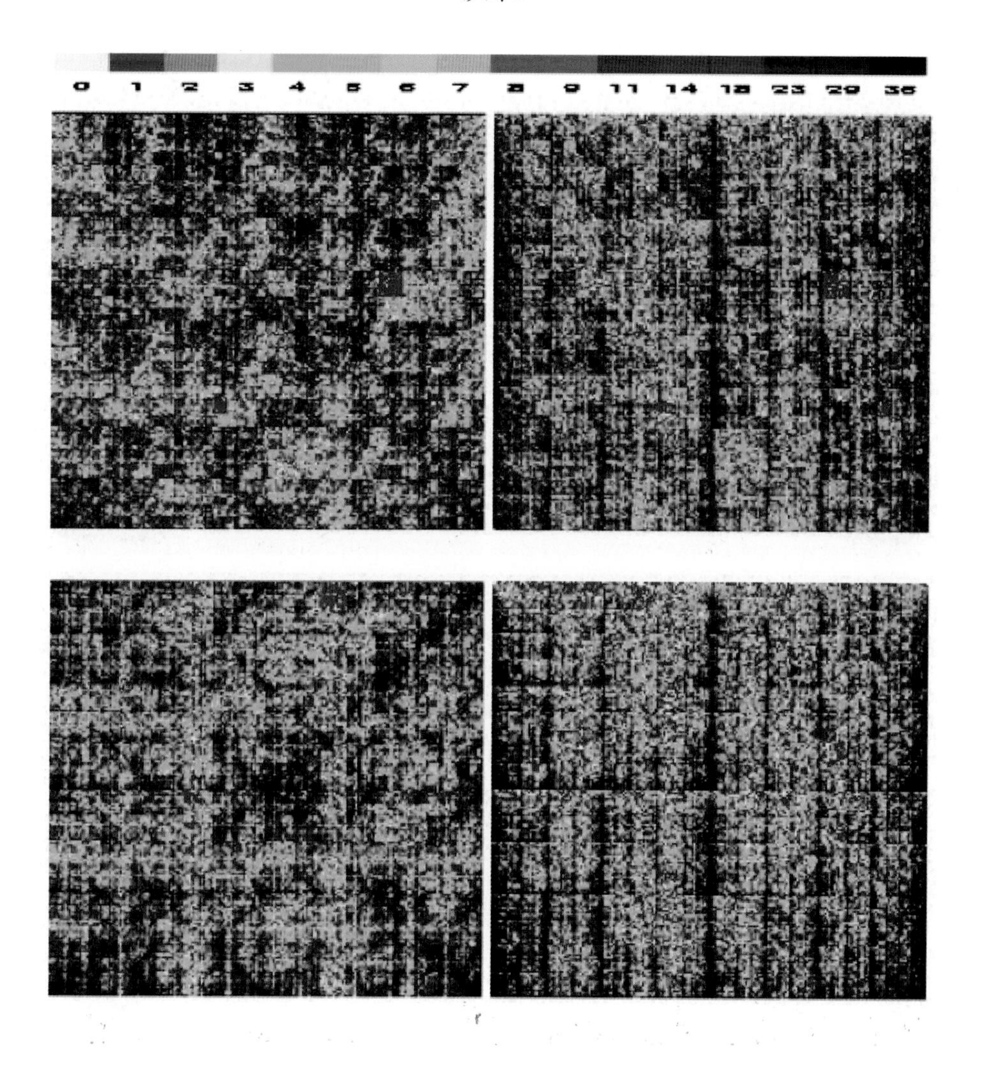

彩图4

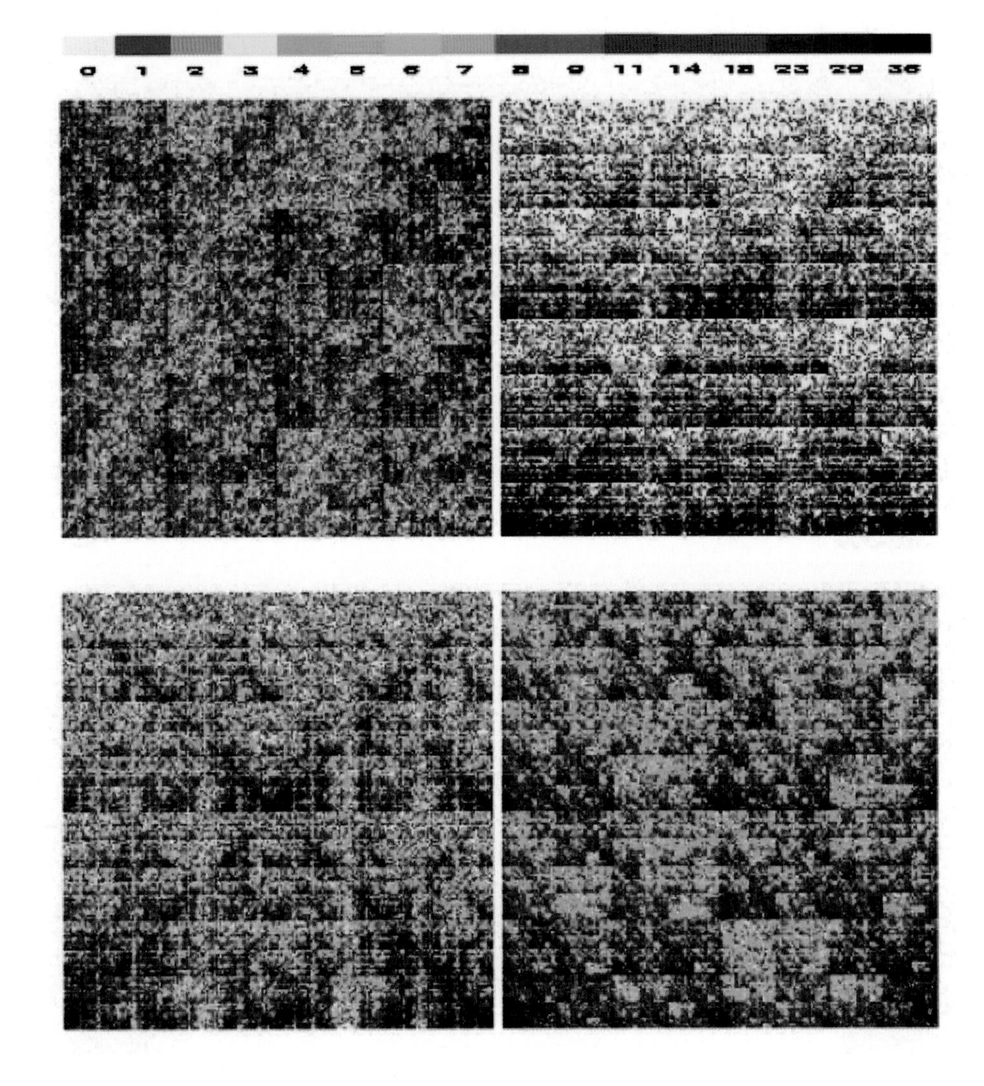

彩图5

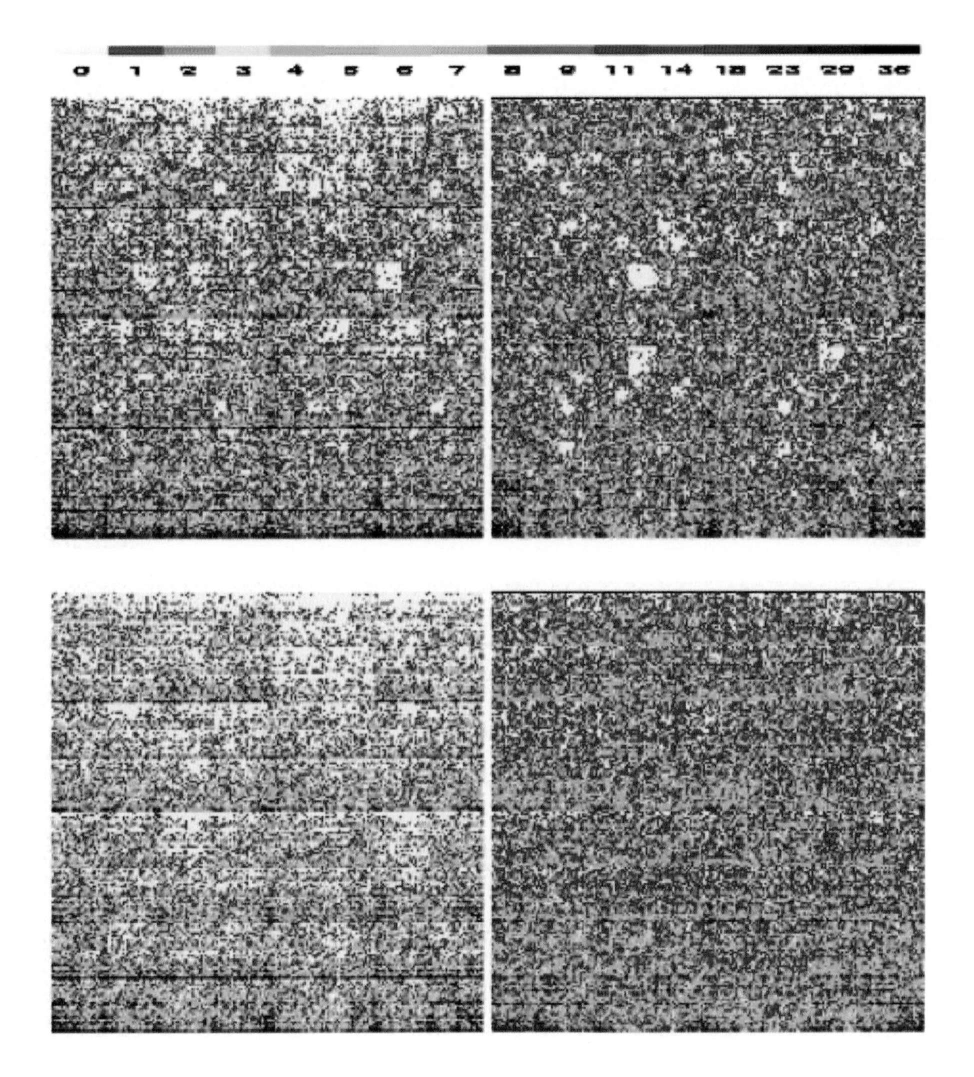

彩图6

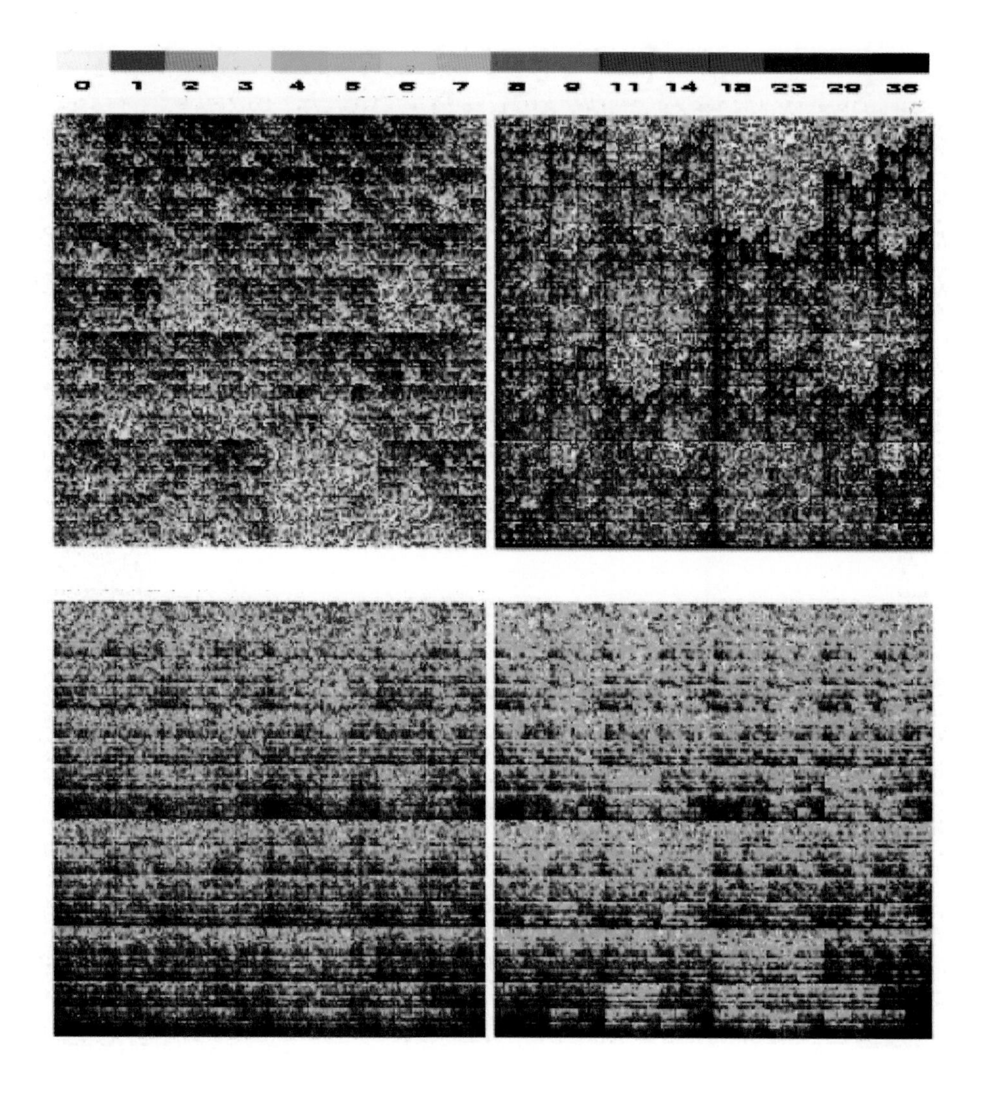

彩图7

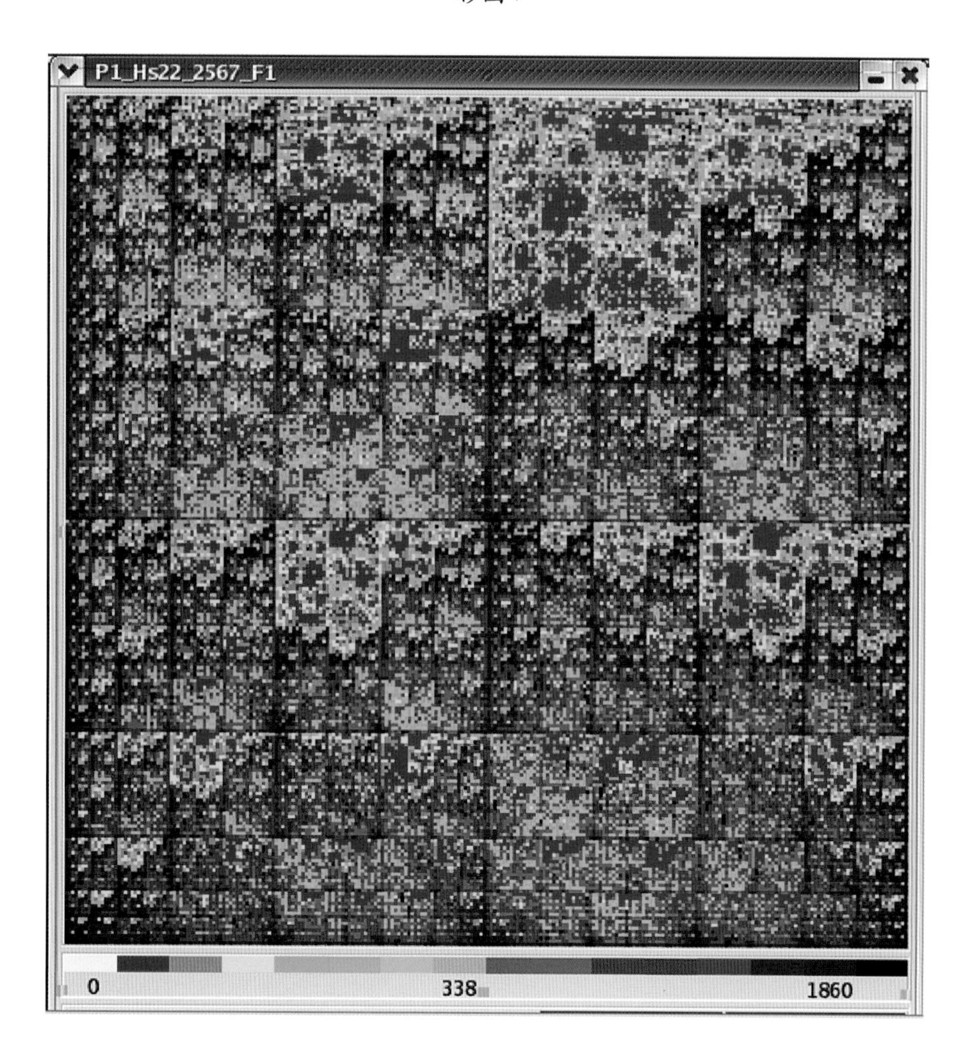

彩图8

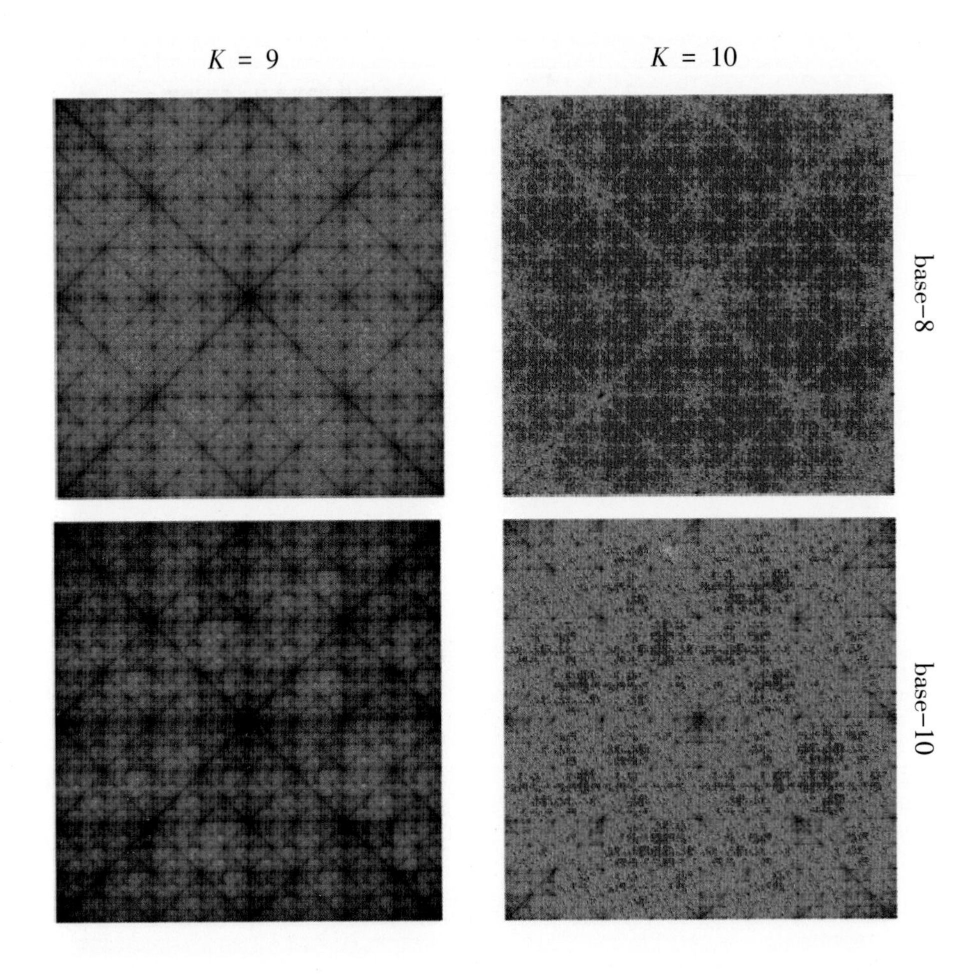

来自基因组的一些数学

郝柏林 著

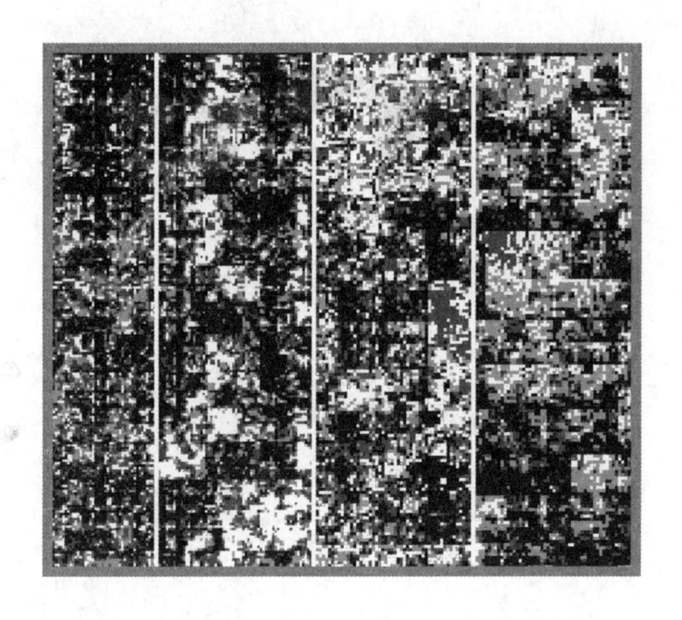

上海科技教育出版社

图书在版编目(CIP)数据

来自基因组的一些数学/郝柏林著. —上海:上海科技教育出版社,2015.12(2017.12重印)

ISBN 978-7-5428-6331-7

Ⅰ. ①来… Ⅱ. ①郝… Ⅲ. ①基因组—研究 Ⅳ. Q343.2

中国版本图书馆CIP数据核字(2015)第253689号

内容提要

在当前这个大数据时代，来自生物学的数据占有相当突出的份额。这里包括 DNA 和蛋白质序列数据、基因表达和调控网络数据，等等。浩如烟海的生物医学文献也是一种数据。同来自其他领域的大数据不同，生物数据反映着几十亿年自然界中物竞天择、适者生存的演化过程，因而在随机和复杂的表象之下，蕴含着深刻的内涵和结构。从大量数据中揭示生物学规律，是生物信息学、计算生物学，乃至整个生物学的任务。然而，这本书不是生物信息学或计算生物学的入门，而是演示如何用粗粒化和视像化的办法考察实际生物数据、提出问题和寻求答案，这样做的过程中会自然地导致一些数学，特别是离散数学问题。这里涉及的离散数学包括图论、组合学和形式语言学的某些篇章。书中实例，多数来自作者本人与合作者近 18 年的研究工作。本书可以为大学高年级学生、研究生和青年教师拓宽思路起到一些启发作用。

作者简介

郝柏林 1959 年毕业于苏联哈尔科夫国立大学物理数学系。曾任中国科学院物理研究所和理论物理研究所研究员。1980 年当选中国科学院数理学部委员 (院士)，1995 年当选发展中国家科学院院士。2002 年以来任复旦大学理论生命科学研究中心主任。2005–2011 年任美国圣菲研究所外聘教授。主要从事理论物理、计算物理、非线性科学和理论生命科学研究。曾多次获得部委级科学技术奖，1993 年和 2000 年两次获得国家自然科学奖二等奖，2007 年获得国家科技进步奖二等奖。2001 年获何梁何利基金科学技术进步奖物理学奖。

1997 年以来从事生物信息学和理论生命科学研究。他勤于笔耕，其著述目录和一部分可供下载的作品见个人网页：

http://www.itp.ac.cn/~hao/

目录

序言

在 20 世纪末，物理学对“死物”的研究，从微观粒子的构造和相互作用，到宇宙的演化发展，可谓既深且远。生物是物，生物有理。物理学对“活物”的研究有着长远的历史，而在生物学研究进入分子水平以后，物理学特别是理论物理学有了更为广阔的用武之地。生物有形，生物有数。对活物和生命现象的研究必然用到各种数学工具，甚至带来新的数学问题。

本书作者在 1997 年夏天，从统计物理、非线性科学和复杂系统的研究，转入理论生命科学领域，并非一时心血来潮。1985 年中国科学院生物学部举行学部常委扩大会议，讨论生物学的发展战略。本书作者受数学物理学部委托，自始至终参加了这次会议。当时在海外深造的青年学者大部分还没有学成归国，主要是老一代生物学家们在支撑局面。那正是基因组时代揭开大幕的前夕。作者虽然正在全力发展以符号动力学为特色的混沌理论，也深切感到高度复杂和“非线性”的活物质和生命现象，必将成为物理学的重要关注对象。于是在没有设定时间表和特别目标的情形下，开始了转向理论生命科学的从容准备。1993 年中国物理学会委托清华大学组织了一次物理学与生物学的讨论会。物理学会的出版物报道了大部分报告，而只字未提作者强调粗粒化描述的发言。可见“粗粒化”对于物理学会派去的记录人员，当时还是相当陌生的概念。

DNA 双螺旋结构和遗传密码的发现，开启了分子生物学时代。生物学已经积累了大量事实和数据，而且每日每时产生着海量新数据。2003 年完成的人类基因组计划，花费了约 30 亿美元测定一个人基因组的约 30 亿个字母。现在，人们正在接近用 1000 美元测定一个人基因组的目标。截至 2014 年年底，全世界已经完成和正在进行的基因组测序计划超过了 58 000 个，这个数字还在与日俱增。预计几年之内，将会有成百万人类个体的基因组被测序。归根到底，人口、粮食、健康、医药、环境、能源这些全人类面临的重大挑战，都与生物有关，而基本的生物学规律和问题必须从分子水平认识和解决。

生物医学和生物技术领域的从业人员、研究机构、学术期刊和经费支持都远远多于许多其他方面。然而，管理和资助单位的目标和要求也是明确、具体和紧迫的，那里的科学工作者很少有时间去思考更深层次的问题。对于有志于自然科学基础研究的年轻人，这是时代的机遇。早生 20 年，没有可能从事这样的工作；晚生 20 年，重要的问题已经被别人发现和解决。一部分有数理和计算机背景的青年学者，应当抓住时机，义无反顾地进入生命研究领域。

研究机构的设置和大学专业的划分，总是落后于科学发展。从哪一门学科开始并不重要。学科交叉不是议论，而是实践。要自己找切入点，而不是靠别人指点方向。要“眼高手低”：内心深处总是惦记着重大和根本的问题，但从早到晚下功夫掌握事实、搜集数据、静心思考、反复计算和分析，通过粗粒化和视像化来形成概念、提出问题。不管是“用牙啃”，还是“用脚踹”，要想尽一切办法解决问题，而不是把自己欣赏的某种方法或框架强加给大自然。力争“全局在胸”，坚持“单刀直入”。入门是不难的，深入也是办得到的，但是，“找到感觉”是不容易的。物理学早已经从单纯的实验研究发展成为鼎立于实验、理论和计算三大支柱上的成熟的科学。生命科学正在走向成熟的过程中，理论计算和数学方法，注定要发挥日益重要的作用。时不我待，机不可失，有志者奋勇向前！

书中引文按作者姓氏英文或汉语拼音顺序排列在最后，正文中按序号引用。例如，本书部分内容，曾在庆祝杨振宁先生 85 岁华诞的国际会议上报告[44]。

作者特别感谢各个时期的合作者陈国义、王彬、纪丰民、戚继、俞祖国、王希胤、史晓黎、孙奕钢、高雷、孙健冬、李强、刘劲松、徐昭、周婵、汪浩、虞洪杰、左光宏、张建国、倪培相、刘捷孟、卢益甄、毛洪亮等。作者从苏州大学数学系教授谢惠民、中国科学院理论物理研究所研究员郑伟谋和台湾中央大学教授李弘谦那里学到很多东西；复旦大学理论生命科学研究中心袁力老师和中国科学院文献情报中心魏韧老师在查找资料方面给予了持续帮助；上海科技教育出版社叶剑、王世平、殷晓岚诸位编辑多年来在书稿写作上给予支持；理论物理研究所程希有和复旦大学左光宏在 LaTeX 排版技术上给予指导。作者在此一并致谢。

郝柏林　　2015 年 6 月 26 日

于复旦大学理论生命科学研究中心

注：本书第二次印刷做了少量订正。　　作者 2016 年 8 月 7 日

第一章　DNA 测序和基因组时代

“基因组”来自大规模的 DNA 测序。因此，我们必须从 DNA 和它的测序讲起。

1.1　发现 DNA 和它的遗传载体功能

1869 年瑞士青年学者米歇尔 (Johannes F. Miescher, 1844 – 1895) 发现了脱氧核糖核酸分子，即现在大家熟知的 DNA。他虽然也曾猜想过 DNA 可能与遗传有关，但还是倾毕生精力去研究鱼精蛋白。毕竟蛋白质与生命过程的关系已经是当时科学研究的热门，以致 1878 年恩格斯在《反杜林论》这部著作中就写下了至今还基本正确的语句：“生命是蛋白质的存在方式，这种存在方式本质上就在于这些蛋白质的化学组成部分的不断的自我更新。”

然而，DNA 和蛋白质究竟谁是遗传信息的携带者，这个问题曾经处于长期争论之中。直到 1944 年，美国洛克菲勒大学三位学者设计的决定性实验才证明了 DNA 作为遗传信息载体的功能 [3]，推启开分子生物学时代的大门。

1953 年发现 DNA 的双螺旋结构，随之又破译了 DNA 如何编码蛋白质的“遗传密码”，并且成功地用化学方法测定了一些蛋白质分子的氨基酸排列顺序。1958 年 12 月桑格 (Frederick Sanger, 1918 – 2013) 在他的诺贝尔获奖演说 [101] 中提到的“蛋白质结构”，就是氨基酸的排列顺序，即现在所说蛋白质的“一级序列”，但还不是蛋白质分子的三维空间构造。正是因为知晓了胰岛素的全部氨基酸排列顺序，中国科学家们才能够在 1958 年提出，并在 1965 年完成人工全合成牛胰岛素的重大课题。

DNA 是由四种核苷酸单体聚合而成的高分子。通常用 a、c、g 和 t 四个字母代表腺苷酸、胞苷酸、鸟苷酸和胸苷酸这些“碱基”，而把 DNA 写成由这四个字母组成的符号序列。DNA 序列的长度可以从几百数千，到百万乃至千万个字母。DNA 的第一个字母 D 代表“脱氧”，说明在作为核苷酸的组成部分的五碳糖上有一个羟基 OH 脱去了氧 O，只剩下 H。没有脱氧的核苷酸聚合成核糖核酸，简单地记为 RNA。RNA 可以用 a、c、g 和 u 四个字母组成的符号序列表示，其中代替 t 的 u 是尿苷酸。脱氧核糖核酸 DNA 和核糖核酸 RNA 都是一维、不分岔、有方向的高分子。DNA 通常以稳定的双链形式存在，双链中的 a、t 和 c、g 互相以两个或三个氢键联系配成“碱基对”。单链的 RNA 往往靠局部配对形成种种二级结构，以增加稳定性和完成特定功能。按照 DNA 序列产生相应的 RNA 称为“转录”，相反的过程称为“反转录”。这两种存在于自然界中的过程都在被人类认识和掌握之后，成为实验研究和基因工程的手段。

遗传信息保存在 DNA 序列里。DNA 双螺旋中任何一股的信息含量同另外一股等价，因为可以借助 $a-t$ 和 $c-g$ 的配对规则，由一股推出另一股。然而，两股中编码的基因和调控信号是不同的；位于一股某处的基因，在另一股相应位置上就只是个“影子”。如果某一个基因需要“表达”，首先就要把它转录成一段信使 RNA (mRNA)；再把 mRNA 送到细胞质里面大量核糖体之一去翻译成蛋白质。“表达”一词最初指从基因合成蛋白质。现在知道，许多转录产生的 RNA 也有重要的生物功能，因此也是一种表达方式。核糖体是由许多 RNA 和蛋白质组成的蛋白质工厂。早在 1956 年，DNA、RNA 和蛋白质的关系就被概括成分子生物学的“中心法则”：DNA 制造 RNA，RNA 制造蛋白质 [21, 23]。半个多世纪以来，中心法则已经具有更丰富的内容，这里包含了多项获得诺贝尔奖的科学贡献。

应当指出，围绕中心法则的诸多知识来自对细菌的研究。近些年来对真核生物的研究，揭示了转录、翻译之后对序列的各种修饰，例如 DNA 序列某些位点的甲基化、蛋白质序列的糖基化和磷酸化等等，都对生物学功能有重大影响。这部分研究被称为 epigenomics[1]。总之，中心法则加上外饰基因组学的知识，才能提供对现代分子生物学的较为完整的概念。

1.2 DNA 的测序技术

作为由四种单体 a、c、g 和 t 组成的高分子，只有把单体的排列顺序测定出来，才能得到关于 DNA 结构的初步知识。用化学方法测定 DNA 中的核苷酸顺序曾经是颇为艰苦的实验室工作。在 1950 年代后期，测定含有几

[1]目前的中译“表观基因组学”颇为误导，或许“外饰基因组学”更为确切。

个核苷酸的 DNA 片段，就足以构成一篇博士论文。直到 1977 年，DNA 大规模测序的两种基本方法，才先后发表在美国《国家科学院报告》这同一个期刊上。这两种方法，一是化学降解法 [85]，即用专门的化学反应在特定的核苷酸字母处把已经合成的 DNA 序列“咬断”；二是聚合终止法 [102]，即让 DNA 的聚合过程在特定的字母处停止。两者都导致长长短短的以同一个特定字母结束的寡核苷酸串，再用“跑凝胶”等办法测出串的长度，即特定字母的位置。这些方法同毛细管凝胶技术结合，最终导致了自动化的测序设备。两种方法的主要发明者，分享了 1980 年度的半个诺贝尔化学奖。

一个生物细胞里的 DNA 被提取、扩增 (某些新一代测序技术不需扩增) 之后，被分成大量小片段即“读段”(reads) 去测定核苷酸顺序。读段的总长度会达到基因组长度的许多倍，这倍数称为覆盖度，通常记为 X。X 可以从几倍到成百上千倍，因所用技术和测序目的而不同。大量读段要用计算机拼接成更长的段落，最好的情况下可以拼接成单个的染色体。有了足够长的连续的 DNA 段落之后，就可以开始寻找基因和预测对基因表达的调控信号。这些步骤都涉及许多数学和统计方法，我们基本上不在本书里讲述。只在第三章里会结合泊松分布讲一下对基因组测序有重要应用的 Lander–Waterman 公式，在第七章里根据我们自己的经验叙述在基因组里寻找基因的有关知识。

从 1977 到 1995 的 18 年中，测定了约 800 个“基因组”。不过，这些基因组都不属于独立生活的生物体，而是来自病毒和噬菌体 (噬菌体是细菌的“病毒”) 这些寄生生物。直到 1995 年才首次发表了两种独立生活的细菌的全基因组，这两种细菌是生殖道支原体 (*Mycoplasma genitalium*)[31] 和流感嗜血菌 (*Haemophilus influenzae*)[26]。所谓“独立生活”，有明确的含义。若凡是维持生命活动所需的大分子和构成这些大分子的单体，都在细胞内的生物化学工厂中自己制造，那这种生物就是独立生活的。因此，寄生在别的生物中的各种细菌，多数也属于独立生活的物种。

1.3 人类基因组计划

早在 1985 年美国能源部就在一批科学家的促进下，提出了人类基因组的测序计划。这个计划从 1990 年启动，准备花费 30 亿美元来测定构成人类基因组的 30 亿个字母。事实上，测序的原始材料来自 5 个人类个体，他们是分属于高加索、亚洲、非洲和西班牙等族群的两男三女。

中国在人类基因组计划中承担并完成了 1% 的测序任务。这在很大程度上是一批自称“华大基因”的年轻人的功劳。原来人类基因组计划在国际上酝酿日益成熟时，国内一些有远见的学者也想努力参与。但是测序技术所涉及的庞大资金，使有关部门望而却步。然而，国家自然科学基金委在学部委员吴旻等推动下，还是在 1993 年拨款 300 万元人民币，启动了我国的人类基因组工作。当时设想的重点，是开展与少数民族基因多样性有关的研究。1996 年科技部主导的 863 计划，扩大了对人类基因组计划的支持，先后在北京和上海成立了人类基因组研究的北方和南方中心。不过，那时并没有把直接参与国际人类基因组计划，作为主要目标。毕竟 863 计划的早期指导思想，就是“跟踪”国际上高新技术的发展。

1990 年代中、后期从海外归来的一批青年学者，对于我国参加国际人类基因组计划，抱着更为积极的态度。他们在中国科学院遗传研究所内成立了一个小组，自行购置了一台测序仪，从测定云南腾冲嗜热菌 (*Thermoanaerobacter tengcongensis*)[2] [4] 的基因组开始实战练兵。1999 年 9 月底，国际人类基因组计划在英国剑桥召开例行的第 5 次战略会议，检查各个实验室已经接近尾声的测序工作。当时以观察员身份参加这次会议的一位中国学者[3]看到我国即将错过参与这一伟大计划的末班车，就挺身而出，在用腾冲嗜热菌的部分测序结果演示了自己的实际能力后，争得了 1% 的测序任务，而且选择了估计基因含量比较丰富的第 3 号染色体短臂上的一段。

这位观察员回国后，各个方面作出不同的反应。笔者亲自听到一位在科学领导层中位置颇为显著的院士说：“这么大的事情，不请示就承担下来！”于是几天后，在见到这位研究员时提问：“这么大的事情，你请示了没有？”答复是，写过多次报告，都被“留中不发”，没有下文。

所幸中国科学院当时的领导采取了积极态度，拨出一笔专款，支持了测序工作。这样，在 2000 年 6 月 26 日美国总统克林顿在白宫和英国首相布莱尔在白厅同时宣布人类基因组草图基本完成时，中国也是 6 个正式参加国和 20 个实验室之一。在英国《自然》杂志发表的论文 [69] 中，有 5 位中国科学家署名。相形之下，虽然有些俄国科学家以个人身份在某些实验室参加了这项工作，俄国却不是国际人类基因组计划的成员国。

[2] 2004 年改变属名，现在的拉丁名字是 *Caldanaerobacter tengcongensis*。

[3] 杨焕明，当时是中国科学院遗传研究所研究员，2007 年当选中国科学院院士。

1.4 新一代测序技术

最初的人类基因组计划，就曾估计到测序技术的进步必然会加速计划的实现。事实上，早期的做法是先测定各种“物理图谱”、“遗传图谱”等，在对基因分布有一定了解的基础上分段完成测序。那时的测序设备可以一次测出 500 – 700 个字母的读段，再把大量读段拼接成更长的 DNA 序列。这种做法有利于多个单位进行合作，并且能保证较高的测序质量。这也是国际人类基因组测序计划所采取的战略。然而，一位名叫文特尔 (J. Craig Venter, 1946 –) 的科学家成为半路杀出的程咬金，他建议把整个基因组拿来，随机打断成大量短段，分别进行测序，然后靠强大的计算机进行拼接。这种全基因组“鸟枪法”或“霰弹法”测序，虽然在一开始遭到质疑和批评，但很快成为 DNA 测序技术的主流，以致人类基因组序列草图就是用这两种方法同时测定的 [69, 118]。

测序技术的创新从未停步。关于第二代、第三代测序方法的建议层出不穷。最早的自动测序基于特异性的化学反应，其输出必然是待测 DNA 经过大量扩增以后的平均结果。加速甚至摆脱扩增步骤，是一个重要的发展方向。发展过程中曾经一度以牺牲读段长度为代价，同时靠高度并行产生的大通量做补偿。可以反映单个 DNA 及其环境的单分子测序和单细胞测序也已经应运而生。与早期的“化学测序”对比，后来的发展引入越来越多的物理手段，例如利用“零模波导”使荧光精确报告单个核苷酸的变化。我们如果在这里列举任何测序设备的实例，在本书到达读者手中时，都会是过时的历史记录。虽然如此，还是可以指出一两篇综述文章 [96, 115]，给 2015 年以前的测序水平留下一些指标。应当说，以 1000 美元的代价测定一个人的基因组，已经不是遥不可及的目标。2013 年夏天已经清楚，几年之内就会有 100 万个人类个体的基因组被测序。这预示着，对人类的生理和病理研究，必然在分子水平上有更深刻的结果。

对于大规模的基因组测序，我国学术界曾经有人说过“测序不是科学”的贬词。诚然，大规模的 DNA 测序设备已经属于高新技术领域，但它们的基本原理无不基于以往的科学研究成果。更重要的事实是，今后越来越多的生物学研究，要从基因组测序开始。可以说，没有 DNA 测序，就没有生物科学。早在 1991 年，两种快速测序方法的发明者之一吉尔伯特 (W.Gilbert, 1932 –) 就为英国《自然》杂志撰写短文 [37]，针对生物学研究范式的变化指出，“正在兴起的新的范式在于，所有的新的‘基因’将被知晓 (在可以用电子方式从数据库里读取的意义下)，今后生物学研究项目的起点将是理论的。一位科学家将从理论猜测开始，然后才转向实验去继续或检验该假设。”

快速度、高通量的 DNA 测序把生物学推进到大科学时代，培育出一批从事大科学的研究集体和组织者。那种倾毕生精力研究一个基因、一条代谢途径、一种生理过程的时代已经过去。还会有学者这么做，但是他们将只代表一种研究风格，而不再是学术主流。对于在生物学研究中使用数学方法和计算手段，也有类似的观察。如果我们的学术评价和业绩考核体系，不适应科学进步的历史步伐，我国生物学的发展必定要蒙受负面影响。

第二章 粗粒化和视像化

2.1 粗粒化与符号描述

现代科学描述自然界时，不可能在从微观到宏观甚至宇观的一切层次上同时进行细致刻画。人们必须瞄准一定的层次，忽略更细小层次上的结构和运动，代之以平均后的“参数”，同时也必须把更大尺度的影响，处理成某种背景。例如，考虑一粒落入水中的花粉，用显微镜观察它的运动轨迹。在视野中看到的花粉，它同大量水分子不断碰撞，做不规则的断断续续的折线运动。每段折线上花粉受到的阻力可以用摩擦系数描述。摩擦系数可以由实验测定。当然，原则上也可以从分子碰撞机制出发，计算摩擦系数；那就要转入下一个描述层次，动用物理学武库中的不同兵器。长长短短的折线变化，则是由分子碰撞的随机性涨落决定；涨落的大小与温度有关，温度代表着更大层次上的环境。

粗粒化的观察伴随着符号描述。试想我们看到 6 个小写英文字母

$$b,\ t,\ u,\ d,\ c,\ s,$$

从事粒子物理的学者会立即认出来，这是 6 种“夸克”的名字，它们各有一定的电荷、质量、自旋和其他量子数。对于更多的科学工作者，

$$p,\ \ n,\ \ e$$

这些字母代表着质子、中子、电子。人们并不关心质子或中子由哪 3 个夸克组成，只要知道它们的质量、电荷、自旋、磁矩就成了。

化学家们更习惯于

$$\mathrm{H},\ \mathrm{C},\ \mathrm{N},\ \mathrm{O},\ \mathrm{P},\ \mathrm{S},\cdots$$

这些大写字母，它们分别代表着氢、碳、氮、氧、磷、硫 …… 这些原子，它们各自有一定的原子序数、原子量、化学价、亲和力和离子半径等。用原

子符号可以书写出各种分子，例如

$$H_2O,\ CO_2,\ NO, \cdots,$$

它们具有一定的分子量，是透明液体或无色无臭气体，等等。然而，在遇到还不算太大的核苷酸和氨基酸分子时，如果每次把几十个原子的符号和化学键连接都写出来，则既不方便也无必要。人们用

$$a,\ c,\ g,\ t$$

四个字母代表四种核苷酸，只要知道它们在配对组成双螺旋时，a 和 t 由两个氢键相连，属于“弱”耦合，而 c 和 g 由三个氢键维系，属于“强”耦合。这里的“强”和“弱”，与粒子物理中的相应概念差了许多个数量级。

与此类似，构成蛋白质的氨基酸通常用 20 个大写英文字母代表：

$$\mathrm{A,\ C,\ D,\ E,\ \cdots, W.}$$

它们各有一定的物理化学特性。由成百上千个氨基酸组成的某种蛋白质，在研究生物化学反应路径或调控网络时，又可以用一个符号表示，例如同乳腺癌有关的蛋白 BRCA1 和 BRCA2(把 5 个字母或阿拉伯数字看成一个符号)。

还可以继续列举类似的例子。总之，粗粒化通常伴随着使用符号。自然科学中所使用的许多符号，都代表着粗粒化的结果。粗粒化是引入近似的结果。然而，恰当的粗粒化可以帮助导致严格的结论。历史上最具有启发意义的粗粒化实例，乃是伽利略的比萨斜塔实验。如果在 1589 年伽利略就拥有 20 世纪末的激光测量技术和计算机控制的数据采集系统，那他从比萨斜塔上同时松手放下的两个重量不同的物体，绝对不会在空气中同时落到地面。正是因为没有拥有相应的观测精度，伽利略才发现了精确的自由落体定律。自然科学工作者的“艺术”修养高低，往往表现在善于实行粗粒化的程度。

粗粒化的过程，伴随着使用符号。在许多情况下，这些符号还进一步组成符号序列。DNA 和蛋白质都是粗粒化导致的符号序列。符号和符号序列还蕴含着已知和未知的信息。粗粒化把我们带进依靠符号序列传输信息的经典领域：信息论。现代信息论的一篇奠基性论文，虽然只字未提生物，却对描述生命现象的数学理论具有根本指导意义。

2.2 香农信息论第三定理

香农 (Claude Shannon, 1916 – 2001) 在 1948 年发表了一篇文章，标题是“通信的数学理论”。这篇现代信息论的奠基论文分两部分发表在《贝尔系统技术杂志》第 27 卷上 [104]。香农当时考虑电报信号传输问题，因此讨论 0 和 1 两种符号组成的序列。

香农的这篇论文给出了现在广为人知的信息定义。为了介绍这个定义，我们需要回顾一下人们试图为信息下定义的历史。这里的困难之一是如何脱离开信息接受者对“信息”的主观评价来客观地给出信息的数量测度。

早在香农论文发表前 20 年，哈特雷 (Ralph Hartley, 1888 – 1970) 曾在同一个《贝尔系统技术杂志》上给出了第一个客观的信息量定义 [65]。假定某个事件有 M 种概率相同的发生方式，每种发生方式的概率都是 $p = 1/M$。在没有接收到任何消息时，接收方掌握的信息量是零。一旦知道了该事件以某一个方式发生了，就得到了 $-\log p = \log M$ 的信息量。这里取对数，是为了保证独立发生的事件的信息量可以相加。例如，婴儿性别只有两种可能：$M = 2$。只知道朋友要生孩子时，关于孩子性别的信息量是零。一旦知道生了个女孩，得到的信息量是 $\log 2$；如果取以 2 为底的对数，信息量就是 1。

假定有 N 条符号序列，其中每一条序列的概率并不一定相同，第 i 条序列的概率是 p_i，那么这个集合所包含的信息量就是每条序列的信息 $-\log p_i$ 以概率 p_i 做权重的“加权平均”：

$$H = -\sum_{i=1}^{N} p_i \log p_i. \tag{2.1}$$

这里出现的 H 就是香农所定义的信息。H 又称为不确定性或香农熵。香农的论文里还有几个数学定理。我们把其中的第三定理全文抄录在下面。

定理 3：任意给定两个数 $\varepsilon > 0$ 和 $\delta > 0$，总可以找到这样一个 N_0，使得一切长度 $N > N_0$ 的序列分成两个集合：一个集合，其全部成员的总概率小于 ε；另一个集合，其每一个成员的概率 p 都限制在以下范围内：

$$\left|\frac{\log p^{-1}}{N} - H\right| < \delta. \tag{2.2}$$

上式中的 H 就是前面定义的香农熵。

怎样形象、直观地理解香农定理的含义呢？我们以 DNA 序列做具体例子。取一切长度为 N 的 DNA 序列来，基于 4 个字母的这些序列总共有 4^N 条。只要 N 比较大，4^N 就是非常巨大的数字。对于小小的细菌基因组，N

可能达到几百万，4^N 已经是“超天文学”数字，更不用说对人类基因组，N 已达到 30 亿。香农的这个定理告诉我们，这个巨大的序列集合可以粗略地分成两个子集合：一个小集合，其中各条序列的总概率加到一起不超过事先给定的一个正数 ε；一个大集合，其中每条序列的概率虽然可能彼此不同，但是都在由香农熵 H 按上面的式子限定的范围之内变化。

这个大集合是最可能遇到的“大路货”的集合。香农在文章里说，这同如何解释“最可能”没有关系；这是典型序列、随机序列的集合。可以从这个集合中任意抽取一条或多条序列，计算它们的一些统计量，例如每种字母的平均出现次数以及偏离平均值的方差等等，所得结果不尽相同，但也相差不多。任何一条序列的统计性质可以大致代表整个集合。

与大集合成为鲜明对照，那个小集合是非典型序列的集合。例如，一条序列全由同一种字母组成，这样的序列一共有 4 条。还有 12 条“周期”为 2 的序列，如 $acac\cdots$、$caca\cdots$ 等等。对这类序列做统计分析没有什么意义，倒是前面的简短文字给出了完整确切的刻画。还可以列举出更复杂的“周期”或“准周期”序列，乃至“混沌”序列等等。每一条这样的具体序列的概率都是 $p=1/N^4$；当 N 很大时，p 是很小的数，小集合中所有序列的概率加在一起也很小。然而，当 N 很大时，小小的非典型子集合中的序列数目其实也很多。

从自然界里用粗粒化方式抽提出来的 DNA 序列和蛋白质序列，在一切同等长度或更长的序列中，究竟属于大的典型序列集合，还是小的非典型序列的集合？这些序列是几十亿年自然界中突变、竞争和选择的结果。笔者不会证明，但是有一种信念：从自然界中抽提出来的生物学符号序列，不是随机序列，而属于同等长度或更长的序列集合中的非典型序列子集合，对它们几乎要一条一条地具体研究。由于不会证明，我们把这个论断称为生物数学的“基本公理”。

这条基本公理说明了统计方法对研究生物学数据的局限性。首先，由于数据量巨大、不完备、包含着实验噪声和测量误差，统计处理是必不可免的第一步。然而，只有超越统计，才能揭示更根本的生物学规律和内在机制。各种数据采矿、知识发掘、关联分析乃至统计预测，使用得当时可以提供一些有益信息，但是很难达到较高的精度，更难深入生物过程的本质。难怪有一篇文章评论基于统计的方法时，标题就叫做“序列分析的 70% 路障”[11]。其实，问题不在方法论或数据量，而在于生物现象的具体、特殊和“非典型”性质。超越统计的努力，必然涉及组合学、图论、代数语言学等离散数学方法，我们将在本书中给出一批实例。

我们在前面说到，非典型子集合中的序列几乎要一个一个地研究。这“几乎”二字不是随便加上的。为了比较人、大鼠和小鼠的基因组，那只要在三个物种中各选一个代表，就可以揭示出基本的差异和共同之处。如果要研究欧洲人群 (我们避免使用科学上不确切、政治上可能有害的“人种”一词) 和亚洲人群对艾滋病或流行性感冒易感程度的差异，就要分别在所谓高加索人群 (泛指欧洲、北非、西亚等) 和蒙古人群 (泛指东亚、东南亚等) 中选取对象。然而，要研究人类走出非洲的途径和历史，看他们是怎样迁徙到世界各地的，那就要对采样人群做更细致的选择和划分。具体到一个人，在生长和发育的各个阶段，在特定的组织和器官，在不同的生理或病理状态，虽然基因组里的 DNA 序列基本保持不变，但是 DNA 转录之后的“修饰”，例如前面提到的“甲基化”，就会有所不同。蛋白质序列产生之后，也会有磷酸化、糖基化等等“翻译”后的“修饰”。现在知道，早期的癌症病变，伴随着特定组织细胞内 DNA 和蛋白质“修饰”的改变。以研究这类修饰为主要任务的学科方向，目前有一个极易发生误导的译名，叫做“表观基因组学” (epigenomics)。这是从 1930 年代就已经出现的表观遗传学 (epigenetics) 一词套译过来的。也许叫做“外饰基因组学”会稍好一些。前面提到的“中心法则”在很大程度上基于对细菌的研究成果，加上“外饰基因组学”所带来的新知识，更增加了对现代分子生物学的深入了解。

以上所述，乃是同一性和差异性的辩证关系。科学研究的根本任务，在于揭示反映着共同性和普遍性的自然界的基本规律；然而，没有抽象的共同性和普遍性，它们存在于多样性、差异性、特殊性和个体性之中。多样性和差异性的存在是演化的前提，生物演化和社会进步都是如此。基因组测序永无止境的根本原因，就在于从生物种群到个体的多样性和差异性。

香农定理描述的是静态，它给出宏大的符号序列空间的定性划分。自然界的演化过程是动态行为。在地球上可以搜集到的各种生物符号序列中，残留着演化历史的零散印迹，如何把演化信息从 DNA 和蛋白质序列中提取出来，也是生物学的重要课题。这里要特别注意物理学和生物学思维方法的巨大差别。物理学比较强调稳恒态、守恒性、能量均分、遍历性。演化是遍历性的破缺，这里没有稳恒、守恒、均分和遍历。演化也不是随机过程。然而，某些概率极小的事件对于生物物种走上显著不同的演化道路起着决定作用。尽管绝大部分基因组测序计划是为了具体的“功利”目标而提出的，大量积累的基因组数据却已经有助于人们逐渐重构生物演化过程的整体图像。

2.3 视像化

从大量数据中发现规律、提取信息、形成概念的一种重要途径，是数据的视像化。这是现代计算方法和显示技术的进步所促成的发展方向。

视像化并无定规，它要求科学工作者发挥想象力和创造力。从高维空间往低维子空间中投影，根据某些数据特征的聚类和分类，用网络连接来反映复杂的相互作用关系，这些都可以成为视像化的切入点。颜色的使用，更增加了视像化的新维度。

我们要特别指出，视像化往往也要用到粗粒化。例如，有些计算机的说明书宣称，它的彩色屏幕可以显示 256 万种颜色；然而许多人无法区分 32 种颜色的差别。使用包括黑色和白色在内的 16 种颜色作图，倒是往往可以导致边界清晰的图斑；更多的颜色只会使形象变模糊。本书后面几章里，还要给出一批基因组数据视像化的实例。请读者注意这里指出的原则，我们不再每次申明。

2.4 DNA 序列形象表示的早期工作

1977 年发明了两种 DNA 测序方法以后，测序技术迅速发展。生物学数据中有了越来越多的 DNA 序列片段。从 1990 年代初开始，人们建议了多种方法来形象地观察这些序列。我们列举几个早期的实例。

2.4.1 DNA 的混沌游戏表示

1990 年计算机工作者杰弗瑞 (H. J. Jeffrey) 建议了称作 DNA 序列“混沌游戏表示”(Chaos Game Representation，简称 CGR) 的算法 [70, 71]。他用正方形的四个顶点代表 a、c、g、t 四个字母。例如，取边长为 1 的正方形，令四个顶点分别代表 $a(0,0)$、$c(0,1)$、$g(1,1)$ 和 $t(1,0)$。从正方形的中心点出发，考察一个给定的 DNA 序列。如果序列的第一个字母是 g，就从顶点 $g(1,1)$ 连一条直线到中心，并在这条直线的中点作标记。如果序列的第二个字母是 t，就从前面的标记点到顶点 $t(1,0)$ 作直线，并在此直线的中点作标记。如此继续作图，一直做到 DNA 序列的最后一个字母。所有被标记的点组成的图形，就是那条 DNA 序列的混沌游戏表示。

这套完全确定的作图法，其实同混沌没有直接关系。取名“混沌游戏表示”，是在 1980 年代席卷全球的混沌研究热潮中，期望引人注目。使用

“混沌游戏表示”的文章很多，但是缺乏深刻的结果。如果把 CGR 用于细菌的完全基因组，则除了没有颜色以外，它同我们在下一章里将要介绍的细菌“肖像”，在图样花纹上很相近，但是内容没有那么丰富。“肖像”已经代替和超越了“混沌游戏”的作用，并且还导致了一些明确界定的组合数学问题。因此，我们不再赘述“混沌游戏”。

2.4.2 一维和二维 DNA 行走

1992 年彭仲康等人在英国《自然》杂志上发表文章 [90]，把 DNA 作为两个字母组成的符号序列，表示成一维的“DNA 行走”。他们从一条 DNA 序列的首字母开始，每看到一个嘌呤 (字母 a 或 g) 就从横坐标的原点向右走一步，每看到一个嘧啶 (字母 c 或 t) 向左走一步。“DNA 行走”只能根据所选取的序列实现一次。它不是无规行走。但是当序列很长时，可以同无规行走做一些比较。一维和二维的无规行走都会反复经过原点，但三维以上空间里的无规行走可能一去不复返，再也不回到原点来。真正的无规行走，在走了很多步以后，离开原点的平均距离趋近零，这是因为正反两个方向的漫步互相抵消。但是，如果取距离的平方再做平均，它却比例于 N，而不是 N^2。换言之，平均方根距离才比例于 $N^{1/2}$：

$$\sqrt{\overline{\Delta x^2}} \propto N^{1/2}, \tag{2.3}$$

这里的指数 1/2 首先由爱因斯坦在他 1905 年关于布朗运动的论文里得到 (可以参看本书作者为布朗运动理论 100 年所撰写的综述文章 [61])。

彭仲康等人选取了大量物种的 DNA，计算其中编码和不编码蛋白质段落的 DNA 行走指数，宣称编码部分比非编码部分更为“随机”。这篇文章引发了数百篇后继研究，其中赞成和反对意见参半。

其实，一维 DNA 行走的视觉效果并不好。我们可以极其容易地实现二维 DNA 行走：从坐标原点开始，每遇到 t、a、c 或 g 这些字母，就相应地往上、下、左或右方向移动一步。图 2.1给出大肠杆菌 K12 菌株基因组序列的二维 DNA 行走表示。这张图是用纪丰民博士在 1997 年编写的一个程序产生的。这个基因组是由 4 641 652 个碱基字母组成的圆环。它从图中间的坐标原点开始行走，终点在第 3 象限里。每行走 1 万步变换一次颜色，以便读者对步数有一点概念。

还可以设想出许多 DNA 序列的其他图形表示方法。它们的意义和用途，要在对实际数据进行过大量比较研究以后，才能有所揭示。一个成功的

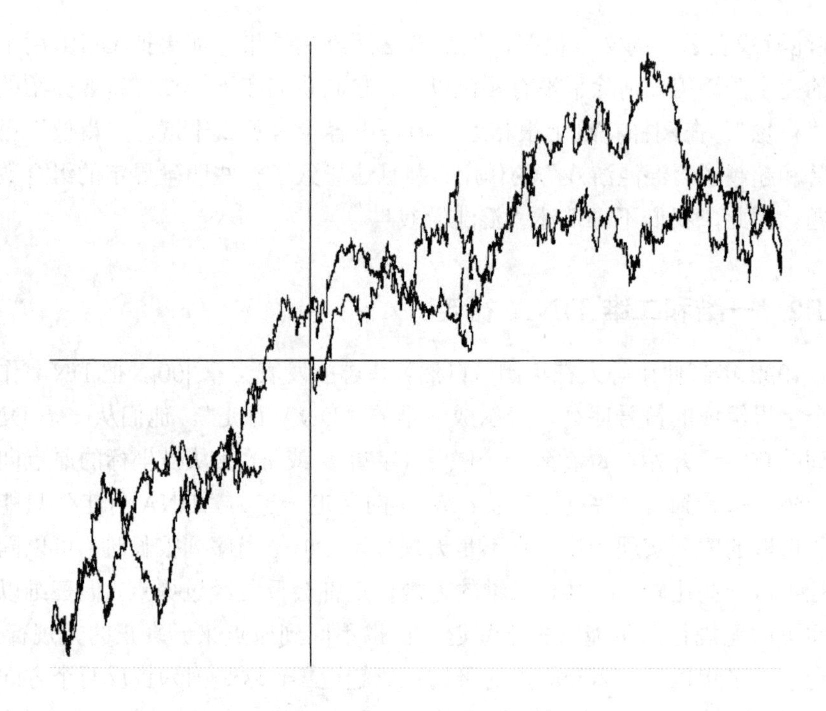

图 2.1: 大肠杆菌 K12 菌株基因组序列的二维 DNA 行走表示 (见彩图 1)。

例子，是天津大学张春霆等发展的 DNA 序列的 Z 曲线表示。

2.4.3 DNA 序列的 Z 曲线表示

设有一条包含 N 个核苷酸的 DNA 序列。从第一个字母考察到第 n 个字母，把累计见到的核苷酸字母数目分别记为 a_n、c_n、g_n 和 t_n。利用这 4 个累计字母数定义下面 3 个随 n 变化的量：

$$\begin{aligned} x_n &= (a_n + g_n) - (c_n + t_n), \\ y_n &= (a_n + c_n) - (g_n + t_n), \\ z_n &= (a_n + t_n) - (g_n + t_n). \end{aligned} \tag{2.4}$$

这 3 个量的变化范围自然限制在 $x_n, y_n, z_n \in [-N, N]$ 区间内，这里 $n = 1, 2, \cdots, N$。在三维空间中，点 (x_n, y_n, z_n) 随 n 的变化构成一条曲线。张春霆实验室在 1991 年就引入了 Z 曲线算法 [142]，并且对它的性质进行了多方面的研究。从新世纪初开始，他们有了一项重要的发现，即 Z 曲线可以帮助预测古菌和细菌基因组中复制起点的位置 (后来又推广到某些真核基因组)，得到一批被生物学家们首肯的结果，并且建立了寻找复制起点的专用软件和公众数据库。我们对此要稍作解释。

一个生物细胞分裂为二时，它的 DNA 序列也要复制成两份。真核生物的染色体可以有多个复制起点；细菌一般只有一个复制起点，通常记为 OriC。如何确定细菌基因组中 OriC 的位置，曾经是悬而未决的问题。张春霆与合作者进行了大量实际基因组的比较研究，发现了 Z 曲线与复制起点的关联。

第三章 细菌基因组中的短串分布

细菌是单细胞的微生物。它们不像酵母或人那样，在细胞里有细胞核，细胞核包裹着若干条染色体，每条染色体又是由 DNA 缠绕在大量组蛋白上，再多次折叠而形成的复杂结构。细菌的细胞膜直接包裹着一条或多条 DNA 序列。酵母和人都属于真核生物，而细菌被叫做原核生物 (Prokaryote)。原核生物又区分成古菌 (Archaea) 和真细菌 (Eubacteria)，后者现在已经取消了“真”(Eu-) 字头，直接称为细菌。我们不区分这些细节，而经常用细菌一词统称古菌和细菌。许多种细菌只有一条封闭成环状的 DNA，习惯上也叫做“染色体”。少数细菌有两条以上染色体。

大肠杆菌是研究得最为详细的模式生物之一。大肠杆菌的群体包含各种各样的菌株，有致病菌株，也有无害的、可以在不特别设防的实验室里研究的菌株。1997 年发表了第一个大肠杆菌基因组 [9]，它来自无毒的 K12 菌株。我们就从考察这个基因组开始叙述。

可以从国际上三大 DNA 数据库免费下载大肠杆菌的基因组。例如，从美国国家生物技术信息中心 (National Center for Biotechnological Information，简称 NCBI) 的 FTP 网页：ftp://ftp.ncbi.nih.gov/genomes/Bacteria/ 找到 Escherichia coli K12 substr. MG1655 这个菌株的子目录，下载后缀是.gbk 的文件[1]。这是超过 14 万页的可读文件。说它“可读”是因为每页上有 60 多行，每行最多 80 个计算机键盘上看得见、屏幕上可以显示出来的字符。文件前面约 7 万行是注释，后面 7 万行是 DNA 序列本身。实际上，任何人都不可能坐在屏幕前一页一页地查看这个文件；即使耐心查看了几百页，也是不得要领。必须想办法提取一些特征量，才能对序列的结构和特点形成一些概念。

---

[1]关于常见数据库的内容结构以及文件格式的说明，可以参看郝柏林和张淑誉合作编写的《生物信息学手册》[64]。

这个基因组是由 4 639 675 个碱基对[2]组成的封闭圆环 [97]。

3.1 细菌基因组中短串分布的直方图

我们提一个简单问题。给定一个不大的整数 K，从基因组上某个特定的位点，例如在基因组的注释文件中指明的复制起点 OriC 开始，用宽度为 K 的滑动窗口每次滑动一个字母，看看可以遇到哪些 K 串。当 $K=1$ 时，这就是数一数单个的核苷酸字母 a、c、g 和 t 在基因组里出现了多少次。当 $K=2$ 时，这就是求出 $4^2=16$ 种双核苷酸的出现频度。对于一般的 K，这是查看 4^K 种 K 串各自出现了多少次。

形象地表示计数结果的办法，是画一幅直方图：横坐标代表从 0 到某个最大值的计数，纵坐标是每个计数值对应的 K 串数目。图 3.1是大肠杆菌 K12 菌株基因组中 $K=8$ 串的直方图。这个直方图有什么特点呢？它在计数值 35 附近有一个峰值，然后拖了一条很长的尾巴，直到最大的计数值 776。特别要注意的是，零计数对应 176，说明有 176 种 $K=8$ 的串，在大肠杆菌基因组里没有出现。或者说，大肠杆菌基因组里有 176 种缺失的 $K=8$ 串。

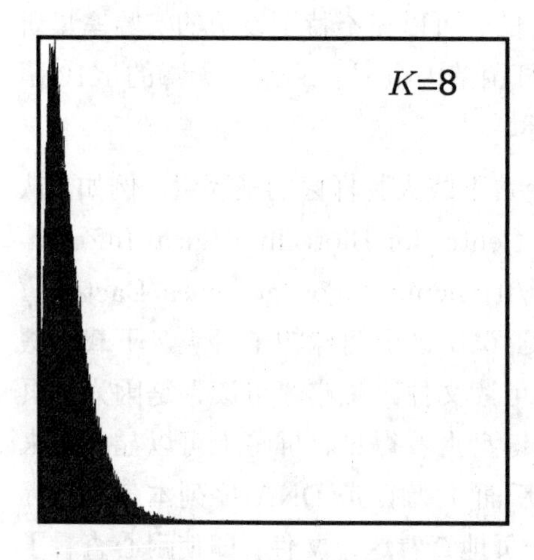

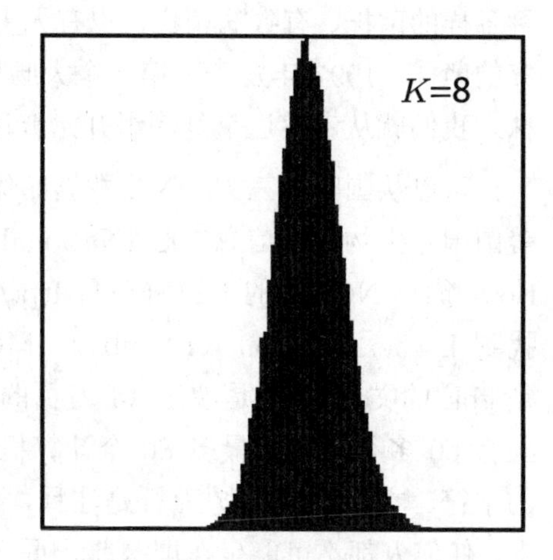

图 3.1: 大肠杆菌基因组中 8 串数目的直方图：左图来自原始的基因组，右面是基因组随机化以后的直方图。两个图的横坐标尺度不同，没有具体标出。可以指出，右图的峰值在 71 左右，而左图的峰值在 35 附近。

[2]最初的测序结果是 4 639 221 个碱基对 [9]。

3.2 冗余缺失串和真正的缺失串

如果查看 $K=7$ 串，可以发现大肠杆菌基因组里只有一种缺失串，它是 $gcctagg$。结合前面所述，$K=8$ 时有 176 种缺失串，其中有 8 种串是那个缺失的 $K=7$ 串的后果，因为在 $gcctagg$ 前面或后面可以加一个字母，所得到的 8 种 $K=8$ 的串注定都不可能出现。于是我们有：$176=8+168$，这里 8 是冗余的缺失串数目，而 168 才是在长度 $K=8$ 时真正的缺失串。$K=9$ 时，那个缺失的 $K=7$ 串会带走多少冗余串呢？那 168 种真正缺失的 $K=8$ 串又会带走多少冗余的缺失串呢？

更一般些，假定在长度 K 时有一个真正的缺失串，那在长度 $K+i$ 时它会带走多少个冗余串呢？用 S 代表那个具体的缺失串。首先看 $i=1$ 的情形，我们可以在 S 前面或后面加上一个字母 α 得到 αS 或 $S\alpha$。由于 $\alpha=a,c,g$ 或 t，一共有 $4+4=8$ 种可能，也就是说 $K+1$ 时有 8 种冗余缺失串。当长度为 $K+2$ 时，可以在 S 前面、后面或一前一后各加两个字母，得到 $\alpha\beta S$、$\alpha S\beta$ 和 $S\alpha\beta$ 三种组合。由于 α 和 β 都各有四种可能，故总共有 $3\times4\times4=48$ 种可能性。这就是说，长度 $K+2$ 时有 48 种冗余缺失串。

继续沿着这一思路，可以用数学归纳法得到一般公式：长度为 K 的一个真正缺失字串，在长度 $K+i$ 时带走

$$M(i)=4^i(i+1) \tag{3.1}$$

个冗余缺失串。令 $i=0,1,2,3,4,5,6,7,\cdots$，得到同前面具体讨论一致的

$$1,8,48,256,1280,6144,28\,672,131\,072,\cdots$$

这些数字。

然而，这个式子只是一个很好的近似，它并不是精确结果。原因在于，前述数学归纳法的推导过程没有考虑到一种可能的特殊情况，即真正缺失串 S 的首尾出现重复的字母。前面的缺失 $K=7$ 串 $gcctagg$ 就是这样，它的首字母和末字母都是 g。对于这个具体例子，公式 $4^i(i+1)$ 直到 $i=5$ 即 $K+i=12$ 时都给出正确结果，而 $K+i=13$ 时在具体的串 $gcctaggcctagg$ 里面，那个 $K=7$ 的真正缺失串借助一个重复的字母 g 而出现了两次。这是数学归纳法中没有考虑到的情况。

怎样才能计入真正缺失 K 串的首尾重复情况，得到 $K+i$ 时带走的冗余字串数目呢？如果真正缺失字串不止一个，而多个缺失字之间有各种彼此

重复的首尾，情形又如何呢？这必然要导致真正的排列组合问题。我们把这个组合学问题放到后面第五章叙述，这里继续考察一维直方图的性质。

一般说来，如果从实际数据的图形表示中发现任何“规律”，都必须证实这是数据本身的特点，而不是任意随机的数字集合也能够导致的结果。最简单的判别方法，就是把数据随机化，考察随机化以后是否还有原先看到的规律。

3.3 基因组序列的随机化

给定一个实际测得的细菌基因组序列。如何在保持 a、c、g 和 t 四种字母的数目各自不变的条件下“洗牌”，把序列中的字母顺序打乱？读者可以设想出多种不同的随机化算法。例如，设序列的总长度是 N。盯住最左面的第一个字母 x，在剩下的 $N-1$ 个字母的序列中随机地取一个字母 y。再用随机数发生器产生一个 0 和 1 之间的随机数 η，如果 $\eta > 0.5$，则交换 x 和 y 两个字母；如果 $\eta \leq 0.5$，则保持 x 和 y 两个字母不变。然后对从第二个字母起的长度为 $N-1$ 的序列，重复以上手续。直到剩下两个字母并用随机数发生器确定是否要交换这两个字母的位置。

我们不去对所得结果的随机性进行数学证明。原则上，可以对一个序列多次实行上面描述的手续，最终得到足够随机的序列。对于大肠杆菌基因组序列实行随机化以后，重新计数各种 $K=8$ 串的多少，画出如图 3.1右图所显示的直方图。对于随机化以后的序列，各种 8 串出现的概率应当相近。从 4 639 675 个字母组成的环中，可以读出同样多个 8 串，而四种字母组成的 8 串一共有 $4^8 = 65\ 536$ 种。因此，每种 8 串出现的频度基本上是 $4\ 639\ 675/65\ 536 \approx 71$。事实上，图 3.1右面的直方图，就是一个峰值在 71 附近的单峰，很像是一个钟形的高斯分布。图 3.1左面的直方图，计数峰值在 35 附近，它拖着一条尾巴，最大计数达到 776；在最大计数前还有断断续续的空缺。

到此为止，看起来一切正常。实际基因组给出的直方图的特点，在随机化以后消失了，变成了用简单的等概率考虑就可以估算峰值位置的随机分布。然而，事情并不这么简单。

3.4 基因组随机化后的短串分布直方图

让我们再考察一些其他细菌基因组中短串分布的直方图，以及在对基因组进行随机化以后所得到的新的直方图。

我们的下一个例子是 1995 年发表的流感嗜血菌基因组 [26]。这个基因组中 $K=6,7,8$ 和 9 串的分布直方图，都是偏向小计数的、拖着一条长尾巴的比较平滑的曲线。这同大肠杆菌类似，没有特别之处。但是，把基因组随机化以后，情况就大为不同了。图 3.2是 $K=6$ 到 9 时的 4 幅一维直方图，它们都不再是平滑的曲线，而出现了明显的"精细结构"，即多个高低不同的峰。

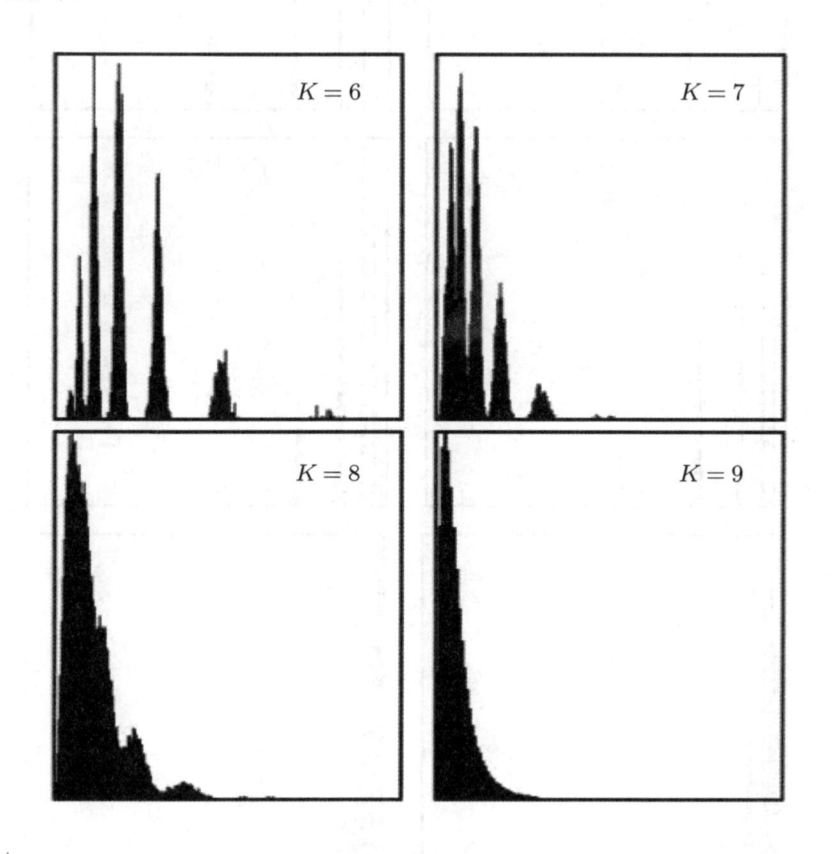

图 3.2: 流感嗜血菌基因组随机化以后的短串分布。

另一个更突出的例子，来自肺结核分枝杆菌 [27](*Mycobacterium tuberculosis*)。它的一维直方图在 $K=4$ 到 9 时都没有什么特别，都是偏向低计数的拖着长尾巴的近乎光滑的分布。然而，随机化以后就截然不同了。图 3.3是

$K=4$ 到 9 时的 6 幅一维直方图，它们都具有明显的精细结构。仔细考察，可以看到 $K=4,5$ 和 6 时，图中有 5, 6 和 7 个，即 $K+1$ 个峰。K 更大时，由于左侧的峰重叠而右侧的峰变得很低，不容易看清楚峰的确切数目。

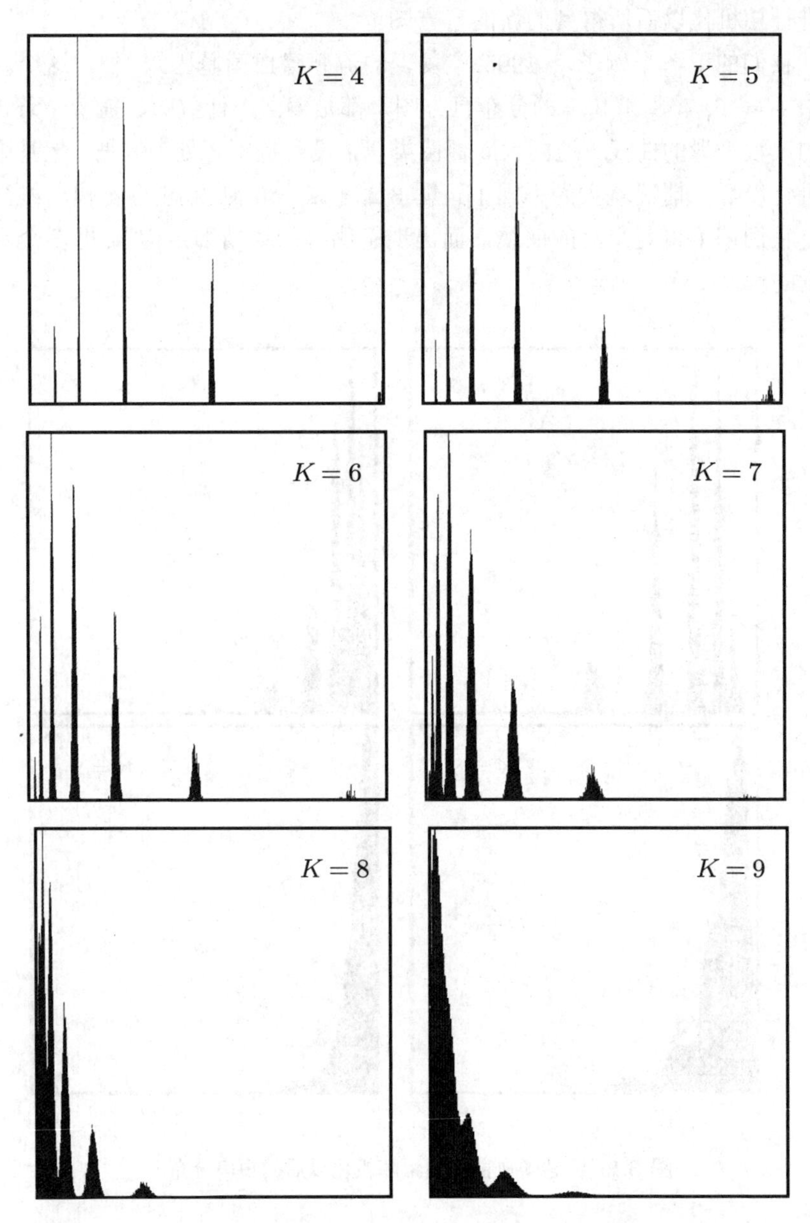

图 3.3: 肺结核分枝杆菌基因组在随机化以后的从 $K=4$ 到 9 的直方图。

表面上看，这是一个与直观认识相反的现象。我们习惯于某种实际分布或“光谱”里有着高高低低的峰和谷，而在平均化或随机化以后，峰和谷或“精细结构”削弱或消失，剩下更为光滑的分布曲线。这里的情形则正好相反。原始的基因组直方图比较平滑，没有明显的结构，而在随机化以后则出现了精细结构。这是怎么回事呢？

原因在于每个基因组里的核苷酸字母总数有限。用它们组成各种 K 串时，并不是所有字母都具有相同的、“取之不竭”的供应量。特别是在有些基因组里，各种字母的“丰度”差别很大。

表 3.1开列了前面提到的三种细菌基因组里核苷酸的数目。

表 3.1: 三种细菌基因组里核苷酸的数目

	大肠杆菌	流感嗜血菌	肺结核分枝杆菌
a	1 142 742	567 623	757 091
t	1 141 382	564 241	757 355
c	1 180 091	350 723	1 447 868
g	1 177 437	347 436	1 441 348
gc 含量	50.79%	38.15%	65.61%

我们看到，只有大肠杆菌基因组里四种字母的数目接近相等，gc 含量大致是 0.5，因此简单的随机考虑就可以解释图 3.1右面那样的直方图。流感嗜血菌和肺结核分枝杆菌的 gc 含量，分别显著地小于和大于 0.5，因此构造 K 串时有些字母的供应量不足，相应 K 串的数目明显偏低。这里的定性讨论，可以在给定的 DNA 随机模型下，导致定量的分布公式。

3.5 基因组序列的概率模型

一个真实的生物基因组不能用任何模型产生，而随机化以后则可以用不同的模型来逼近。模型的复杂程度可以用它所包含的参数数目来表征。一般说来，这些参数需要根据实际基因组数据来确定。

最简单的独立同分布 (IID，即 Independent Identical Distributed) 模型是假定四种核苷酸以相等的概率出现，即 $p_a = p_c = p_g = p_t = 1/4$。这个模型不含参数，但是只能用来逼近某些四种核苷酸数目确实接近相等的基因组，例如大肠杆菌基因组。这样的无参等概率模型我们简记为 EIID 模型。

较好的办法是从实际基因组中数出各种核苷酸的数目 N_a、N_c、N_g 和 N_t，当然 $N_a + N_c + N_g + N_t = N$，$N$ 是一个基因组中碱基对的总数。然后就可以把字母的出现频度转换成概率：

$$p_a = \frac{N_a}{N}, \ p_c = \frac{N_c}{N}, \ p_g = \frac{N_g}{N}, \ p_t = \frac{N_t}{N}.$$

这是一个三参数模型，因为 4 个概率必须满足归一条件：

$$p_a + p_c + p_g + p_t = 1. \tag{3.2}$$

这样的核苷酸字母不等概率的三参数模型，我们简记为 NIID 模型。

对于绝大多数基因组，还可以使用只含 1 个参数的模型来逼近。为此，我们需要复习一下生物化学家夏格夫 (Erwin Chargaff，1905 – 2002) 在 DNA 双螺旋模型出现前后发现的两条经验法则。1950 年他与合作者提出了第一法则：双链 DNA 中字母 a 的数目等于字母 t 的数目，而字母 c 和字母 g 的数目相等。这个法则为 1953 年发现的 DNA 双螺旋结构所证实，并成为后者的必然推论。

1968 年夏格夫与合作者又提出第二法则：在单链 DNA 中上述等式仍然近似地成立。实际上，对于目前已经完成测序的细菌基因组，这个法则相当好地成立，误差一般不超过 1%。关于第二法则成立的原因，讨论一直持续至今，我们不去叙述。如果接受第二法则，把 a 和 t 看成同一种字母，把 c 和 g 看成同一种字母，只考虑 at 的数目和 gc 的数目，这时概率归一条件 (3.2) 成为

$$p_{at} + p_{gc} = 1. \tag{3.3}$$

只要取 gc 或 at 在基因组中的比例作参数，就得到 DNA 序列的单参数模型。其实，这就是生物学家们已经使用多年的“gc 含量”。对于已经测序的基因组，gc 含量的变化范围大致在 1/3 和 2/3 之间。如果我们采纳天津大学张春霆等发现的一个经验事实，则可以给出稍宽一些的上下界，即从 0.21 到 0.79[143]。这或许就是 gc 含量的最大的可能变化范围。

张春霆等发现，他们引入的代表 DNA 组分的 Z 曲线 (见第二章第 2.4.3小节)，对于基因组的尺寸“归一”后，永远不超出一个以 a、c、g、t 为顶点的正四面体的内接球。以前面用过的符号写出来，就是有一个不等式：

$$p_a^2 + p_c^2 + p_g^2 + p_t^2 \le \frac{1}{3}. \tag{3.4}$$

如果在上式中把 $\le$ 换成 $=$，再把夏格夫第二法则导致的关系 $p_a = p_t$、$p_c = p_g$ 和 $p_a + p_c = 0.5$ 代进去，就得到一元二次方程式：

$$2p_c^2 - p_c + \frac{1}{12} = 0.$$

这个一元二次方程式的两个根，给出前面提到的 gc 含量的上下界 0.21 和 0.79。

以上模型都只反映单个核苷酸的含量，并没有计入相邻核苷酸之间的关联。如果从一个基因组序列中，得到长度为 K 的寡核苷酸串的总数和比例，就可以建立 $K-1$ 阶的马尔可夫模型。这样的模型计入了短程关联，但是含有更多的参数，需要借助更多的真实数据来拟合参数，或者说“训练”模型。在寻找真核生物基因组中的基因时，通常用 5 阶马尔可夫模型来刻画非编码片段，而用周期 3 的 5 阶马尔可夫模型来表示编码段。之所以需要周期 3，是因为密码子三联码的各位分布性质很不同。我们为水稻基因组编写的寻找基因程序 BGF (Beijing Gene-Finder)[78] 就是这样做的。

3.6 几种离散的概率分布

我们的主要研究对象是 DNA 和蛋白质这两大类由有限个字母组成的符号序列集合。虽然生物数学的基本公理 (见 2.2节) 注定了统计方法的局限性，统计方法永远是处理大数据时必需的第一步。对于有限字母集合上的符号序列，经常要用到离散随机变量的概率分布。我们先集中介绍几种常见的分布。

首先，我们用大写字母表示一个随机变量的名字。这样的随机变量是一种抽象，它可能是一段文字描述。例如，Y 是随机化的 DNA 序列的第一个字母。我们用相应的小写字母 y 表示随机变量 Y 在一次“观测”(或者叫一次“采样”、一次“实现”) 中的具体取值。对于刚才定义的随机变量 Y，即一条随机的 DNA 序列的第一个字母，y 可以是 a, c, g, t 四个字母中的一个。使用大写和小写两套字母，可以避免概念上的某些混淆。把随机变量 Y 具体取值 y 的概率记做 $P_Y(y)$ 或 $\mathrm{Prob}(Y=y)$。当概率还依赖于一个或多个参数 θ 时，为了明确指出对参数的依赖性，可以记为 $P_Y(y;\theta)$。

概率分布满足归一条件

$$\sum_{\{y\}} P_Y(y) = 1.$$

这里求和是对随机变量 Y 的一切可能的取值 $\{y\}$。还可以引入指标集合 I 的概念，把上式写成

$$\sum_{i\in I} P_Y(y_i) = 1.$$

对于离散变量，指标集合的例子如：$I = \{0,1\}$，或 $I = \{a,c,g,t\}$，或 $I=\{A,C,\cdots,W\}$。指标集合可以是“连续统”，例如 [0,1] 区间上的全部实数，即 $I=[0,1]$。这时我们有连续变化的概率分布。不管是离散，还是连续，最好养成用“空间”(采样空间、取值空间、实验结果的空间) 来思考的习惯，即使这空间中只有两个离散点。

对于离散采样空间中的一切可能的取值定义**平均值**：

$$\overline{y}=\frac{1}{N}\sum_{i\in I}y_i, \tag{3.5}$$

$N\equiv\sum_{i\in I}$ 是采样空间的总点数。$\overline{y}$ 还是一个随机变量。

由概率分布 $P_Y(y)$ 定义随机变量的**期望值**$E(Y)$：

$$\mu=E(Y)=\sum_{i\in I}y_iP_Y(y_i;\theta). \tag{3.6}$$

一般说来，期望值是参数 θ 的函数。平均值不是期望值，但是可以用来估计期望值。两者如果真正相等，那是无偏估计。有了实验结果 $\{y_i\}|_{i\in I}$，不知道概率分布，就可以计算平均值。有了概率分布，才能计算期望值。粗略地说，前者叫统计，后者叫概率论。

考虑随机变量 Y^2 的期望值：

$$E(Y^2)=\sum_{\{y\}}y^2P_Y(y). \tag{3.7}$$

$E(Y^2)$ 包含着 Y 的期望值的简单平方 $\{E(y)\}^2=\mu^2$。为了把真正非线性的自我关联强调出来，我们定义**方差** (Variance)

$$\sigma^2\equiv Var(Y)=E((Y-\mu)^2)=E(Y^2)-\mu^2. \tag{3.8}$$

它不同于随机变量取值的平方的平均值：

$$\overline{y^2}=\frac{1}{N}\sum_{i\in I}y_i^2. \tag{3.9}$$

$\overline{y^2}$ 包含着简单平均值的平方 $(\overline{y})^2$。$\overline{y^2}-(\overline{y})^2$ 可以用作对方差 σ^2 的估计。

顺便介绍一个从概率分布计算期望值和方差的技巧。从概率归一条件

$$\sum_{\{y\}}P_Y(y;\theta)=1$$

出发，在等式两面对参数取导数：

$$\frac{\mathrm{d}}{\mathrm{d}\theta}\left(\sum_{\{y\}} P_Y(y;\theta)\right) = 0.$$

把上式作为一个方程解出来，就得到 μ。再取一次导数：

$$\frac{\mathrm{d}^2}{\mathrm{d}\theta^2}\left(\sum_{\{y\}} P_Y(y;\theta)\right) = 0.$$

把以上两个方程式联立求解，就得到方差 σ^2。

用 $\overline{y}$ 来估计期望值 μ，用 $\overline{y^2} - (\overline{y})^2$ 来估计方差 σ^2，是用统计量作为概率特征量的估计量 (estimator) 的简单实例。

一般说来，如果概率特征量和统计估计量之差的期望值为 0，则相应估计量给出的是无偏估计。无偏估计不一定比有偏估计好，它甚至可能不存在。俄国数学家们对此作过很多研究，可以参看文献 [119]。

研究 DNA 和蛋白质序列时，主要处理离散的取值空间。我们在下面列举几种常见的离散分布。

3.6.1 伯努利分布

进行先后独立的单次实验 (伯努利实验)，每次实验成功的概率是 p，失败的概率是 $1-p$。随机变量 Y 就是一次实验的结果：如成功则 $Y=y=1$，如失败则 $Y=y=0$。可以把两种情形的概率合并写成

$$P_Y(y) = p^y(1-p)^{1-y}, \quad y=0,1.$$

期望值和方差分别是

$$\mu = \sum_{i=0,1} yP_Y(y) = p,$$

和

$$\sigma^2 = \sum_{i=0,1} (y-\mu)^2 P_Y(y) = p(1-p).$$

可以把伯努利实验给出的随机变量 Z 定义得不同一些。以概率 p 实验成功时 $z=1$，以概率 $1-p$ 失败时 $z=-1$。把两者合并起来，写出概率分布

$$P_Z(z) = p^{(1+z)/2}(1-p)^{(1-z)/2}, \quad z=1,-1.$$

这时期望值是 $\mu = 2p-1$，而方差是 $\sigma^2 = 4p(1-p)$。

3.6.2 二项式分布

事先给定实验次数 n。做 n 次伯努利实验，每次实验的成功率为 p，失败率为 $1-p$。各次实验互相独立，每次实验的 p 都是一样的。随机变量 Y 的定义是 n 次实验中成功的次数。显然 Y 取离散数值 $y=0,1,\cdots,n$。Y 的概率函数是

$$P_Y(y)=B_Y(y;n,p)\equiv C_p^n p^y(1-p)^{n-p},\quad y=0,1,2,\cdots,n.$$

它的期望值和方差分别是 $\mu=np$ 和 $\sigma^2=np(1-p)$。只有当 $p=0.5$ 时，这是一个对称的分布。

如何记住二项式分布呢？可以从中学代数里学习过的二项式公式

$$(a+b)^n=\sum_{y=0}^{n}C_n^y a^y b^{n-y}$$

出发，令 $a=p$ 和 $b=1-p$，得到二项式分布的归一条件

$$1=\sum_{y=0}^{n}C_n^y p^y(1-p)^{n-y},$$

即

$$\sum_{\{y\}}B_Y(y;n,p)=1.$$

二项式分布是一个双参数分布。它的一个重要的极限是当 $p\to 0$，$n\to\infty$，而它们的乘积 $np=\lambda$ 保持有限。这时它成为适用于稀少事件的泊松分布。这个简单推导最好留给读者去完成。

3.6.3 泊松分布

法国数学家泊松 (S. D. Poisson, 1781 – 1840) 在 1837 年引入概率分布

$$P_Y(y;\lambda)=\frac{\lambda^y\,\mathrm{e}^{-\lambda}}{y!}.\tag{3.10}$$

这个单参数分布的期望值和方差都是 λ。

既然提到了泊松，顺便说说记住泊松分布公式的一种办法。

许多统计分布的式子可以靠“1 的分解”得到和记住。写下恒等式

$$1=\mathrm{e}^{-\lambda}\,\mathrm{e}^{\lambda},$$

然后把 e^{λ} 的无穷级数展开式

$$e^{\lambda} = \sum_{n=0}^{\infty} \frac{\lambda^n}{n!}$$

代进去，得到

$$1 = \sum_{n=0}^{\infty} \frac{\lambda^n e^{-\lambda}}{n!}.$$

把求和符号下面的表达式记为 $p(n)$:

$$p(n) = \frac{\lambda^n e^{-\lambda}}{n!}. \tag{3.11}$$

这个 $p(n)$ 就是泊松分布，而前一个式子乃是泊松分布的归一条件：

$$\sum_{n=0}^{\infty} p(n) = 1. \tag{3.12}$$

泊松分布描述某种稀少事件在一定时间 (或空间) 间隔里发生次数的分布。19 世纪普鲁士陆军部保存有骑兵在训练中因为马惊而死亡的数字；又如放射性元素在一定时间间隔里发生 α 衰变的次数。这些数字都很好地遵从泊松分布。在长 DNA 或蛋白质序列中，特定 K 字母串的出现次数也是如此。DNA 测序时，一定覆盖度 X 之下特定的核苷酸串被检测到的可能性也同泊松分布有关，我们在下一小节 (3.6.5) 里专门论述。

泊松分布只有一个参数 λ，因此事件的期望值和方差都由这个 λ 决定。二项式分布和连续的高斯分布等含有两个参数，因此它们的期望值和方差可以更“独立”地变化。在思考用何种分布来拟合实验数据时，单、双参数的不同表现具有启示作用。

3.6.4 几何分布

在完全随机的伯努利实验条件下，随机变量 Y 代表连续成功 y 次，但是第 $y+1$ 次失败这样的事件。它的概率函数就是几何分布：

$$P_Y(y) = p^y(1-p), \quad p = 1, 2, \cdots$$

几何分布只有一个参数 p。如果 y 的最小值不是 0，而是某个常数 c，即

$$y = c, c+1, \cdots, k, \cdots,$$

这就导致偏置的几何分布

$$P_Y(k+c) = (1-q)^k q.$$

此式用失败率 $q = 1 - p$ 写出。

在一个像 SWISS-PROT 这样巨大的蛋白质数据库 (文献 [113]) 中，计数同一个氨基酸，例如谷氨酰胺 (glutamine, 简写为 Q 或 Gln) 连续出现的次数，则它遵从几何分布。这只说明大数据库里单个字母的出现频度接近随机。第五章里图 5.2借助马尔可夫链的状态转移演示了这一点。

人类和其他一些真核生物基因组中的内含子遵从偏置的几何分布，c 反映最短内含子的长度。c 与物种有关，它大致为 50 – 90 个碱基对。

3.6.5 Lander–Waterman 曲线

基因组测序时，要把目标 DNA 扩增并且打断成大量可以直接“读”出核苷酸字母的“读段”。假设基因组的长度是 G 个核苷酸，读段长度是 L(对于传统的桑格测序方法 $L \approx 500$)，而已经测序出来的读段的总数为 N。如果把所有的读段都首尾连接起来，其总长度达到基因组尺寸 G 的 X 倍，X 称为测序的覆盖度，或简称覆盖 (coverage)，即 $NL = XG$。

然而，要正确地把读段拼接起来，相邻两个读段必须至少有一定宽度的重叠。设两个相邻读段的重叠宽度为 T，或者用相对重叠宽度 $\theta = T/L$。正确拼接起来的若干个读段组成一个重叠群 (contig)。在测序过程的中间阶段，可能有多个或长或短的重叠群。随着覆盖增大，各个重叠群的长度增加，但数目减少。假定我们测序由一条染色体组成的基因组，那最后重叠群的数目降到 1 时，就最终完成了测序任务。一般情形下，最终的重叠群数目是 M。M 同 N(或 X)、L、G、θ 这些量的关系，由 Lander 和 Waterman 在 1988 年得到 (见文献 [76])：

$$M = N\,\mathrm{e}^{-(1-\theta)X} = \frac{G}{L} X\,\mathrm{e}^{-(1-\theta)X}. \tag{3.13}$$

这类关系式不是严格的物理定律，而是统计估值。作为“热身”，我们先“推导”一个 Clarke 和 Carbon 在 1976 年发表的公式。

考虑特定的核苷酸落在一个读段中的概率，它比例于 L/G。注意 $L/G = NL/NG = XG/NG = X/N$，于是上述概率 $\propto X/N$。

特定的核苷酸不落在一个读段中的概率 $\propto 1 - X/N$; 特定的核苷酸不落在 N 个读段中的概率 $\propto (1 - X/N)^N \to \mathrm{e}^{-X}$。这里利用了 $N \to \infty$ 时的极

限关系。于是，一个特定核苷酸落在这 N 个读段中的概率为 $f = 1 - e^{-X}$，或者，写成百分比的形式有

$$f = 100 \times (1 - e^{-X}). \tag{3.14}$$

我们看一下 (3.14) 式所给出的具体数值：

X	1	2	3	4	5	6	$\cdots$	10
f	63	86.5	95	98	99.4	99.75	$\cdots$	99.995

(3.14) 式是 Clarke 和 Carbon 在 1976 年推导出的 (参见文献 [20])。最初的推导针对克隆数目、平均克隆长度、克隆拼接成的“岛屿”数目等，但是可以直接换成读段数目、读段长度、读段拼接成的重叠群数目等等，而且用于分析测序深度。

上面小表中 $X = 10$ 时，测序深度达到 99.995，当然是一种过度的估计。这是因为，当 X 变大以后，推导背后的泊松假定不复成立。然而，上面的推导好像没有提到泊松！需要看一下 e^{-X} 的意义，这一点才更为清楚。

假设特定核苷酸在读段的总集合中出现 y 次的概率，由泊松分布

$$P_Y(y; \lambda) = \frac{\lambda^y e^{-\lambda}}{y!}$$

描述。那么 $y = 0$ 的概率就是

$$P_Y(0; \lambda) = e^{-\lambda}. \tag{3.15}$$

于是在我们的问题中有 $\lambda = X$。那么 $y = 1$ 的概率就是

$$P_Y(1; X) = X e^{-X}. \tag{3.16}$$

这实际上是我们马上就要讨论的 Lander–Waterman 公式的相当简化的形式，是该公式的主要部分。令上式的一阶导数为 0，可求出它有一个峰值在 $X = 1$ 处。

进一步推导需要考虑读段的重叠和拼接。前面已经说过，要把两个读段拼接起来，它们之间必须有一定的重叠。假定最小的重叠宽度是 T，或者说相对重叠宽度是 $\theta = T/L$。

由于基因组的总长度是 G，读段的宽度是 L，在基因组里最多可以排下 $G - L + 1$ 个读段 (即最右面的 $L - 1$ 个字母不能成为任何读段的起点)。当

$G \gg L$ 时，可以忽略这微小的边界效应，认为在基因组里可以排下 G 个读段。因为共有 N 个读段，在基因组里遇到一个读段的概率是 $\alpha = N/G$，而遇不到读段的概率是 $1-\alpha$；一般说来 $\alpha \ll 1$ 是一个小概率。

考察一个孤立的读段。它本身出现的概率是 α。在它的左面

$$L-T = L(1-\theta)$$

个位置上不能出现另一个读段，它才会是孤立的，而后者的概率乃是 $(1-\alpha)^{L(1-\theta)}$。于是，一个读段孤立的概率是

$$\alpha(1-\alpha)^{L(1-\theta)}.$$

两个互相重叠的读段的出现概率是 α^2。同样，在它们的左面不能再有另一个读段，它们才是孤立的一对读段。所以，一对孤立读段的概率是

$$\alpha^2(1-\alpha)^{L(1-\theta)}.$$

类似地，k 个重叠的读段形成一个孤立的集团，其概率是

$$\alpha^k(1-\alpha)^{L(1-\theta)}.$$

这些关系式看起来很像几何分布。这里重要的是“终止因子” $(1-\alpha)^{L(1-\theta)}$。我们专门考察这个因子。注意到 $N/G = X/L$，有

$$(1-\alpha)^{L-T} = \left(1-\frac{X}{L}\right)^{L(1-\theta)} \to \mathrm{e}^{-X(1-\theta)}.$$

这里认为 $L \gg 1$ 并用到了 $L \to \infty$ 时的极限关系

$$(1-\frac{X}{L})^L \to \mathrm{e}^{-X}.$$

同 $y=0$ 时的泊松分布 (3.15) 比较，看出只是把 $\lambda = X$ 换成了 $\lambda = X(1-\theta)$。那么，$y=1$ 时的泊松分布的 (3.16) 式就成为

$$X(1-\theta)\,\mathrm{e}^{-X(1-\theta)}.$$

不论重叠群由多少个读段组成，每个重叠群必然包含一个“终止因子” $\alpha\,\mathrm{e}^{-X(1-\theta)}$。在覆盖 X 之下，重叠群的数目就等于

$$M = G \times \alpha\,\mathrm{e}^{-X(1-\theta)} = \frac{XG}{L}\,\mathrm{e}^{-X(1-\theta)} = N\,\mathrm{e}^{-X(1-\theta)}.$$

这就是 Lander–Waterman 公式 (3.13)。

上面的推导过程中，有一个细节需要说明。为什么我们考虑在一组重叠的读段“左面”不再有另一个读段，而不是在它们的“右面”? 在讨论长符号序列中发生的某种现象的数目时，必须坚持从一个方向开始推理：可左可右，但只能坚持一种方式，不能变来变去。我们在后面第五章里介绍 Goulden–Jackson 集团方法时指出，“不失普遍性，我们可以从右端开始考察 …… 每一个字”，也是同样的道理。

Clarke–Carbon 公式和 Lander–Waterman 曲线的推导都基于一批简化假定，例如所有的读段都来自随机打断的基因组序列，特定读段的出现概率遵从泊松分布等等。一条实际的 Lander–Waterman 曲线，当 X 比较小时，它从 0 开始几乎直线地上升；在 $X = 1/(1-\theta)$ 处达到极大值，然后下降并且拖出很长的指数尾巴。覆盖 X 不高时，从读段迅速拼接出大量不长的重叠群，这是曲线直线上升的原因。超过极大值后，重叠群的数目开始降低，但每个重叠群的长度增加。在 X 达到 5 – 6 以后，基因组的主要部分都被测到，但是补足剩下的“漏洞”是极其缓慢和艰难的工作。实际测序工作中所积累的数据，在 X 不太大时很好地符合 Lander–Waterman 曲线，但是一直处在指数尾巴上面。测序后期，当 X 变得较大时，非随机性开始表现，实际的重叠群数目会永远高于理论曲线。真核生物基因组测序完成图的后期工作，投入产出比迅速下降。这是真核生物基因组“可能永远不完全”的重要原因 (见果蝇基因组的测序报告 [1])。

3.7 基因组随机化以后短串分布的期望值曲线

采纳一定的随机模型后，可以把基因组随机化以后的 K 串分布直方图作为特定随机变量的期望值曲线计算出来。对于 $n \geq 0$，我们定义一个随机变量 X_n：

$$X_n = \sum_{i=1}^{4^K} I_{i,n} = I_{1,n} + I_{2,n} + \cdots + I_{4^K,n}, \tag{3.17}$$

其中 $I_{i,n} = 1$，如果第 i 种 K 串在序列中正好出现 n 次，而 $I_{i,n} = 0$，如果它没有出现。进一步定义 $I_{i,n}$ 的期望值为

$$p_{i,n} = E(I_{i,n}). \tag{3.18}$$

它是第 i 种 K 串在基因组中恰好出现 n 次的概率。于是，我们所要求的期望值曲线乃是

$$E(X_n)=\sum_{i=1}^{4^K}p_{i,n}=p_{1,n}+p_{2,n}+\cdots+p_{4^K,n}. \tag{3.19}$$

我们首先在泊松近似下计算期望值曲线。

如果在长度为 N 的序列中，每一种 K 串都比较稀少，而且它们不彼此重叠地出现，而第 i 种 K 串的期望值是 λ_i，则它的出现概率遵从泊松分布：

$$p_{i,n}=\frac{\lambda_i^n}{n!}\,\mathrm{e}^{-\lambda_i},\quad 1\le i\le 4^K,\quad n\ge 0. \tag{3.20}$$

这个结果依据于 Percus 和 Whitlock 证明的一个定理 [91]。注意，现在每种串遵从自己的泊松分布，因此参数 λ_i 也带上了串的编号标志。

为了应用公式 (3.20) 来计算期望值曲线，必须知道这大量 λ_i 的数值。我们进一步引用夏格夫第二法则来简化计算。把 a 和 t 看成同一个字母，把 g 和 c 看成同一个字母。每种 K 串都只由两种字母构成，而它们的概率由基因组的 gc 含量决定。仍以流感嗜血菌为例，它的基因组长度是 $L=1\,830\,023$，gc 含量是 0.3815。因此，$p_c=p_g=0.3815/2=0.19\,075$，$p_a=p_t=0.30\,925$。每一个 K 串可能不含 g(或 c)，含一个 g(或 c)，$\cdots$，直到全由 g(或 c) 组成，一共有 $K+1$ 种可能性，我们令 $k=0,1,2,\cdots,K$。在 K 串中出现 k 个字母 g(或 c) 的概率 p_k 是：

$$p_k=p_c^k(0.5-p_c)^{K-k},\quad 0\le k\le K. \tag{3.21}$$

这样，4^K 个 λ_i 值就减少为 $K+1$ 个：$\lambda_k=L\times p_k$，$k=0,1,\cdots,K$ (严格说来，此式右端应为 $(L-K+1)\times p_k$，不过对于如此长的 L，误差可以略而不计)。这是二项式分布在泊松极限下的参数关系。这 $K+1$ 个 λ_k 值在表 3.2中给出。每个 λ_k 值给出一条泊松分布曲线。

表 3.2: 随机化后的流感嗜血菌基因组在采纳夏格夫第二法则近似下的泊松分布参数 ($K=8$)

k	0	1	2	3	4	5	6	7	8
λ_k	153.1	94.4	58.2	35.9	22.2	13.7	8.4	5.2	3.2

泊松分布是单参数分布，每条分布曲线的峰宽和峰的位置都由同一个 λ_k 决定。相邻的曲线的峰值所在位置可由比值

$$\frac{\lambda_{k+1}}{\lambda_k}=\frac{p_c}{0.5-p_c}=\frac{p_c}{p_a} \tag{3.22}$$

决定。对于流感嗜血菌基因组，上述比值为 0.616 815。因此，9 条泊松分布曲线彼此明显分开。这些曲线和它们的包络线，画在图 3.4中。请注意，9 条泊松分布曲线的包络线很好地逼近图 3.2中 $K=8$ 时带精细结构的分布。

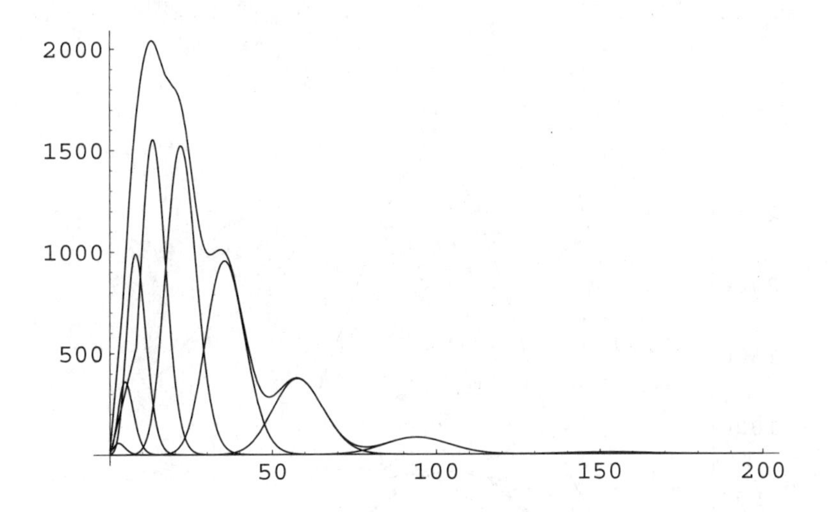

图 3.4: 流感嗜血菌基因组随机化以后的 9 条泊松分布曲线和它们的包络线 ($K=8$)。

随机化后的大肠杆菌基因组的直方图没有精细结构，这又是怎么一回事呢？这时 (3.22) 式给出的比值是 0.968 931，很接近 1。因此 9 条泊松分布曲线的峰几乎重叠在一起，它们的包络线形成一个光滑的单峰 (见图 3.5)。这个包络线很好地逼近图 3.1右图中的钟形分布。

以上叙述基于谢惠民和笔者的文章 [135]。这里计算出来的期望值曲线，是在泊松近似加夏格夫第二法则的假定下得到的。计算中只考虑了 K 串中字母 c(或 g) 的数目，根本没有涉及它们的具体排列顺序。更精确的期望值曲线计算，要引用排列组合学中的 Goulden–Jackson 集团方法。鉴于本书第五章要介绍此方法，我们只在这里指出，针对 NIID 模型的相应计算已经由周婵和谢惠民完成 [146]，而不再复述具体过程。

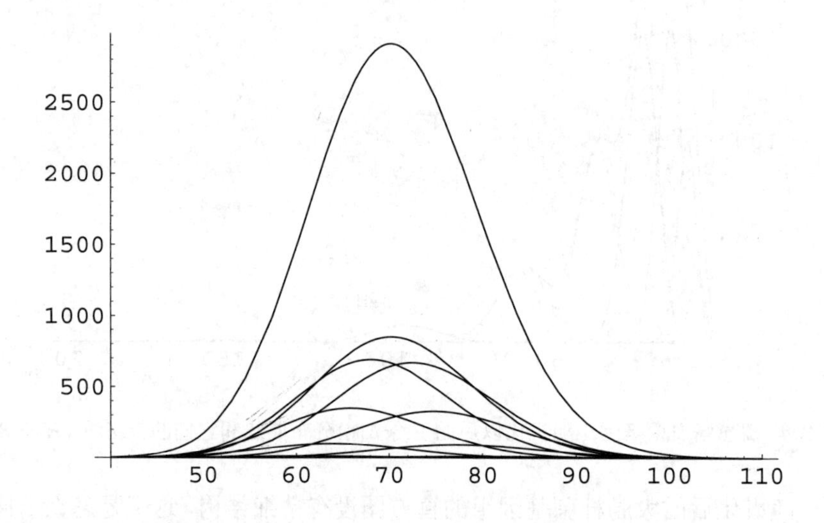

图 3.5: 大肠杆菌基因组随机化以后的 9 条泊松分布曲线和它们的包络线 ($K = 8$)。

第四章　细菌基因组中的缺失字串

测定一个微生物的完全基因组以后，可以提出不少全局性、整体性的问题。例如，可以从基因组中编码了哪些蛋白质，来判断这种细菌靠何种代谢过程生活。当然要提出这样的问题，必须具备生物化学和微生物生理学的基本知识。

我们在这里提出一个简单的、不需要高深预备知识的整体性问题：在这个基因组里面有没有未曾出现的字母短串，即缺失的长度为 K 的寡核苷酸字母序列？这里 K 是一个有待从实际数据确定的小整数。

这确实是一个整体性的问题，因为在没有完全基因组以前，不能提出这样的问题。然而，怎样用计算机从基因组序列里找出没有出现的短字母串呢？

4.1　阿凡提算法

在我国维吾尔族和许多中亚的民间传说中，有一个整天倒骑着一头小毛驴的无所不知的智者，叫做阿凡提。据说有一天，一个老地主问阿凡提，你知道我脑袋上有多少根头发吗？阿凡提说："知道，同我这头毛驴身上的毛一样多。"那地主问何以知道。阿凡提说："很简单。我拔一根驴毛，你拔一根头发，最后都拔光了，就是一样多；如果谁剩下几根，就是多几根。"

我们按阿凡提建议的办法，编写一个程序来找出给定的基因组中的缺失短串。首先，对于确定的 K，例如 $K = 8$，产生全部 $4^8 = 65\ 536$ 个长度为 8 的字母串，列成一张表。然后从基因组中的一个特定起点开始，取来第一个 K 串与表中短串逐个比较，一旦遇到相同的串，就把该串从表中删除，同时把表的长度减去 1。下一步，从起点右移一个字母，取来第二个 K 串如法炮制。当基因组是一个总字母数为 L 的封闭环，则最多有 L 个 K 串；而基因组是一条线性序列时，那最多有 $(L - K + 1)$ 个 K 串。如果这些短串还没有用完，表的长度已经缩成零，则在这个基因组里没有缺失的 K 串，应当把 K 换成 $K+1$ 继续进行计算。如果基因组中所有的 K 串都已经用完，而表中还剩下一些短串，这些就是缺失的 K 串。

对于一批最早有了测序结果的细菌基因组，我们用阿凡提算法定出来它们的最短的缺失字母串 [42]。表 4.1中只列举了几个例子。对于表 4.1中的记号要做一些说明。K_0 是出现最短缺失串的长度；N_{K_0} 是此长度下的缺失串数目。

表 4.1: 几种细菌基因组里的最短缺失字母串

细菌名称	K_0	N_{K_0}	缺失串
幽门螺旋杆菌 J99 菌株	6	1	*GTCGAC*
大肠杆菌 K12 菌株	7	1	*gCCTAGG*
集胞菌 PCC 6803	7	1	*aCGCGCG*
产水菌	7	4	*GCGCGCg*、*GCGCGCc* *cGCGCGC*、*tGCGCGC*

对于我们研究过的基因组，最短缺失串出现在 $K=6$ 或 7，没有更短的。表 4.1最后一列中给出了这些具体的缺失串。这里用大写字母专门标出了字母串中的回文 (palindrome)。英语中的回文是指那些正读、反读都一样的单字，例如 level 或 madam。基因组里的回文，则要求在反读时按照 Crick–Watson 的配对规则，把字母变换过来，即字母 c 和 g 互换，a 和 t 互换。这样一来，在双链 DNA 中，无论在哪一个链上，从 $5'$ 端读向 $3'$ 端，回文就都是一样的。

关于基因组中缺失短串与回文的关系，以及它们可能的生物学意义，我们在后面还会讨论。

4.2 短核苷酸分布组成的细菌“肖像”

第三章介绍的一维直方图的缺点，是只有各种计数的 K 串类型的总数，反映不出每一种 K 串的具体数目。对于一个给定的 K，有 4^K 种不同的 K 串。必须为每一种 K 串引入一个计数器，才能反映每种串的数目。由于 $4^K=2^K\times 2^K$，我们可以把这些计数器在屏幕上排列成一个 $2^K\times 2^K$ 的大方块。图 4.1是 $K=1$ 到 3 的排列情形。

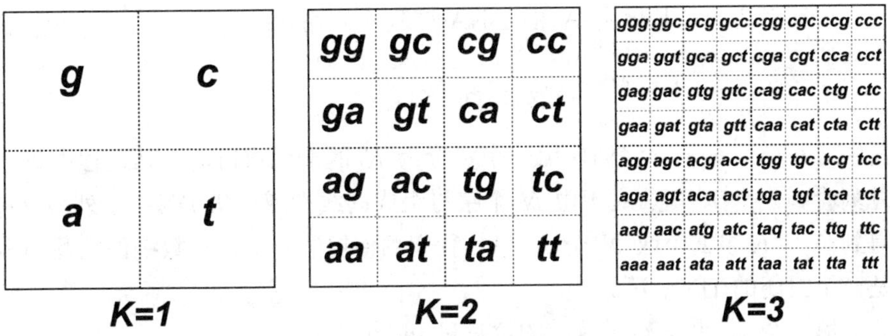

g	c
a	t

K=1

gg	gc	cg	cc
ga	gt	ca	ct
ag	ac	tg	tc
aa	at	ta	tt

K=2

ggg	ggc	gcg	gcc	cgg	cgc	ccg	ccc
gga	ggt	gca	gct	cga	cgt	cca	cct
gag	gac	gtg	gtc	cag	cac	ctg	ctc
gaa	gat	gta	gtt	caa	cat	cta	ctt
agg	agc	acg	acc	tgg	tgc	tcg	tcc
aga	agt	aca	act	tga	tgt	tca	tct
aag	aac	atg	atc	taq	tac	ttg	ttc
aaa	aat	ata	att	taa	tat	tta	ttt

K=3

图 4.1: 在同样尺寸的大方块里排列 $K=1$ 到 3 的计数器的方式。

一共有 $C_4^2=6$ 种不等价的方式，从 4 个字母中取 2 个置于方块上面两顶角。我们考虑到夏格夫第二法则，把 gc 和 at 分别置于方块的上面和下面。它对应 (4.1) 式中选定的 M 矩阵的具体形式。

其实，包含 4^K 个点的大方块可以表示成一个 $2^K\times 2^K$ 的矩阵，它乃是 K 个 2×2 的矩阵的直乘积。图 4.1中 $K=1$ 的方块是

$$M=\left\{\begin{matrix} g & c \\ a & t \end{matrix}\right\}. \tag{4.1}$$

右面的两个方块分别是 $M\otimes M$ 和 $M\otimes M\otimes M$，而一般情形下有：

$$M^{(K)}=M\otimes M\otimes\cdots\otimes M.$$

为了编程序方便，我们使用二进制的 0 和 1 来做矩阵元的脚标，也就是说令 $M_{00}=g$，$M_{01}=c$，$M_{10}=a$，而 $M_{11}=t$。矩阵 $M^{(K)}$ 的一般形式的矩阵元就是

$$M_{IJ}^{(K)}=M_{i_1j_1}M_{i_2j_2}\cdots M_{i_Kj_K},$$

其中 $I=i_1i_2\cdots i_K$，而 $J=j_1j_2\cdots j_K$。这里 I、J、i_n 和 j_m 等都是二进制的数。基本思想是：$2^K\times 2^K$ 个 K 串中的每个串对应一个计数器，它显示在矩阵 $M^{(K)}$ 的 (I,J) 元素处。

现在赋给每个计数器一个整数值的位移量 index 和一对整数值的“坐标” (x,y)，后者的二进制数值就是 (I,J)。在这里引入的坐标系中，x 垂直地从顶变到底，而 y 水平地从左变到右。为了计算出这些整数，我们定义从四个字母 g、c、a 和 t 到四个二进制数的映射 α：

$$\alpha:\ (g,c,a,t)\longmapsto(00,01,10,11).$$

现在考虑一个长度为 N 的 DNA 序列作为输入：

$$s_1 s_2 \cdots s_K s_{K+1} \cdots s_N,$$

其中 $s \in (g, c, a, t)$。我们使用一个宽度为 K 的滑动窗口，滑动过程中每一时刻看到一个 K 串。对于由 N 个字母组成的线性或环状 DNA 序列，一共得到 $N - K + 1$ 个或 N 个 K 串。我们顺便提醒一下，多数细菌的基因组是一个封闭的 DNA 环。

第一个 K 串 $s_1 s_2 \cdots s_K$ 的位移量 index 是：

$$\text{index} = \sum_{i=1}^{K} 4^{K-1} \alpha(s_i),$$

而它的坐标是：

$$\begin{aligned} x &= \sum_{i=1}^{K} 2^{(K-1)} [\alpha(s_i) >> 1], \\ y &= \sum_{i=1}^{K} 2^{(K-1)} [\alpha(s_i) \& \mathrm{E}]. \end{aligned}$$

这里使用了几种二进制操作：$>> 1$ 是“右移一位”，& 是逻辑和，E 是二进制单位 1。

现在我们计算滑动窗口中出现的第二个 K 串 $s_2 s_3 \cdots s_{K+1}$ 的位移量 index$'$ 和它的坐标 (x', y')。这些量乃是

$$\begin{aligned} \text{index}' &= 4[\text{mod}(\text{index}, 4^{K-1})] + \alpha(s_{K+1}), \\ x' &= 2[\text{mod}(x, 2^{K-1})] + [\alpha(s_{K+1}) \& \mathrm{E}], \\ y' &= 2[\text{mod}(y, 2^{K-1})] + [\alpha(s_{K+1} >> 1)]. \end{aligned}$$

注意在上面的计算中只用到四个整数作为输入：前一个串的 index、x、y 和第二个串的最后一个字母 $\alpha(S_{K+1})$。这不同于计算第一个 K 串的位移量和坐标时需要用到 K 个整数。换言之，在读入第一个 K 串后，滑动窗口的宽度就可以缩小为 1，因为此后的计算只需要读入下一个串的最后一个字母。这里给出的算法的计算量只依赖于 N 而与 K 无关。当对很长的 DNA 序列和比较大的 K 值进行计算时，此种提高效率的做法极为重要。特殊地说，对于一条给定的序列和不断增长的 K 进行计算时，虽然所提取的信息量和所需的存储量都按 4^K 指数增长，计算时间则几乎是常数。

我们把 $2^K \times 2^K$ 个计数器位置所排列成的方阵称为一个 K 框架。对于不同尺寸的基因组和不同的 K，使用同样大小的 K 框架。由于一个特定 K 串的计数可能是 0 或某个整数，我们采用一个粗略划分的颜色标尺来反映计数结果：白色表示缺失即计数为 0 的字串，鲜艳的颜色代表比较小的数，当计数超过某个大值如 40 以后，就一律涂成黑色。事实上，我们只使用了包括黑白在内的 16 种颜色。正如我们在本书第二章末尾所指出，使用较少的颜色做标尺，也是一种粗粒化。把从一个细菌的基因组数出来的串数，用颜色表示后填入 K 框架的相应位置所得到的图形称为该细菌的“肖像”。实际使用中可以调整颜色标尺来凸显出“肖像”的某些特点。为了消除基因组尺寸所带来的差异，我们把计数结果一律归算到 100 万个核苷酸。为给定的基因组或相当长的 DNA 序列绘制“肖像”的程序称为 SeeDNA。它已经公开发表 [106]，可以在具有 GKT 图形包支持的 Linux 计算机上实现。

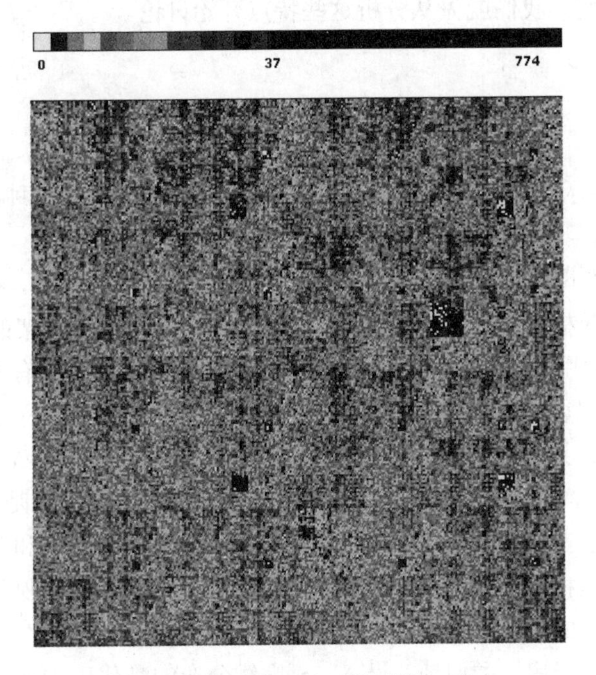

图 4.2: 大肠杆菌 K12 菌株在 $K = 8$ 时的“肖像” (见彩图 2)。

图 4.2是大肠杆菌 K12 菌株在 $K = 8$ 时的“肖像”，图的上方是这张图具体使用的颜色标尺。这张“肖像”有一些明显的特征图斑。考虑到图 4.1所示的计数器排列方式，可以看出图 4.2里右上象限中最清晰的红色方块，对

应前 4 个字母是 *ctag* 而后面跟随 4 个任意字母的计数器。比这个方块少一行一列的小一些的方块有 4 个，它们分别对应由 *gctag*、*cctag*、*actag* 和 *tctag* 打头，而后随 3 个任意字母的串。认真查看图 4.2，还可以看到尺寸更小的 16 个方块，等等。这些计数器都对应计数较少的 8 字母串，其中依稀可见一些零星的白点，即计数为零的缺失字串。这些特征图斑表明，由于某种原因大肠杆菌基因组不喜欢含有 *ctag* 的子串。仔细的考察说明，其实大肠杆菌更不喜欢的是 6 字母串 *cctagg*。我们在后面再继续讨论这个观察结果。

并不是所有的细菌都具有大肠杆菌那样的特征图斑。图 4.3到 4.5(见彩图 3 到 5) 集中显示了 12 种其他细菌的“肖像”，图 4.6(见彩图 6) 中除了根瘤菌的“肖像”，还给出了 3 种真核生物基因组的部分“肖像”。除了彼此不同的一些图斑，图中还有一些共同的特点，例如跨越某些水平线时点的密度会发生突变。我们就先从分析这些特点开始讨论。

4.3 K 框架中的一些线条

图 4.7显示出一个空 K 框架，即没有填入数据成为某物种的“肖像”时的一些直线。我们以 $K=8$ 为例。

4 个 8 字母串 *gggggggg*、*cccccccc*、*aaaaaaaa* 和 *tttttttt*，对应大方块上左、上右、下左和下右 4 个角上的点。有 6 条实线把 K 框架的 4 个顶点连起来。让我们用 $\{u,v\}^n$ 记所有由 u 和 v 两个字母组成的所有 n 字母串，用 $w\{u,v\}^{n-1}$ 记以字母 w 打头，后随来自 $\{u,v\}^{n-1}$ 的 $(n-1)$ 字母串所形成的 n 字母串。这时连接 a 和 t 两个顶点的水平横线上的个点，就是 $\{a,t\}^K$ 这些字母串。类似地，连接 g 和 t 这两个顶点的对角线上，是 $\{g,t\}^K$ 这些字母串。由于 K 框架是离散地划分开的，所以沿边界直线和对角线排列的计数器数目是相同的，即 2^K 个。整个框架具有层次结构。例如，取平行于对角线 $a-c$ 的虚线 $\alpha-\beta$，它上面的计数器是代表 $g\{a,c\}^{K-1}$ 这些串的，而没有其他字母串。类似地，沿 $\delta-\gamma$ 虚线分布的是代表 $t\{a,c\}^{K-1}$ 这些字母串的计数器。框架中的计数器的位置，具有简单的对称性。例如，对 $a-c$ 直线反射，相当于把字母 g 和 t 互换，而字母 c 和 a 保持不变。

让我们进一步观察恰好位于 $a-c$ 对角线上面和下面的计数器。上面的计数器经历 2^K-1 个串：

1. 一个字母串 $(K-1)gt\cdots t$；

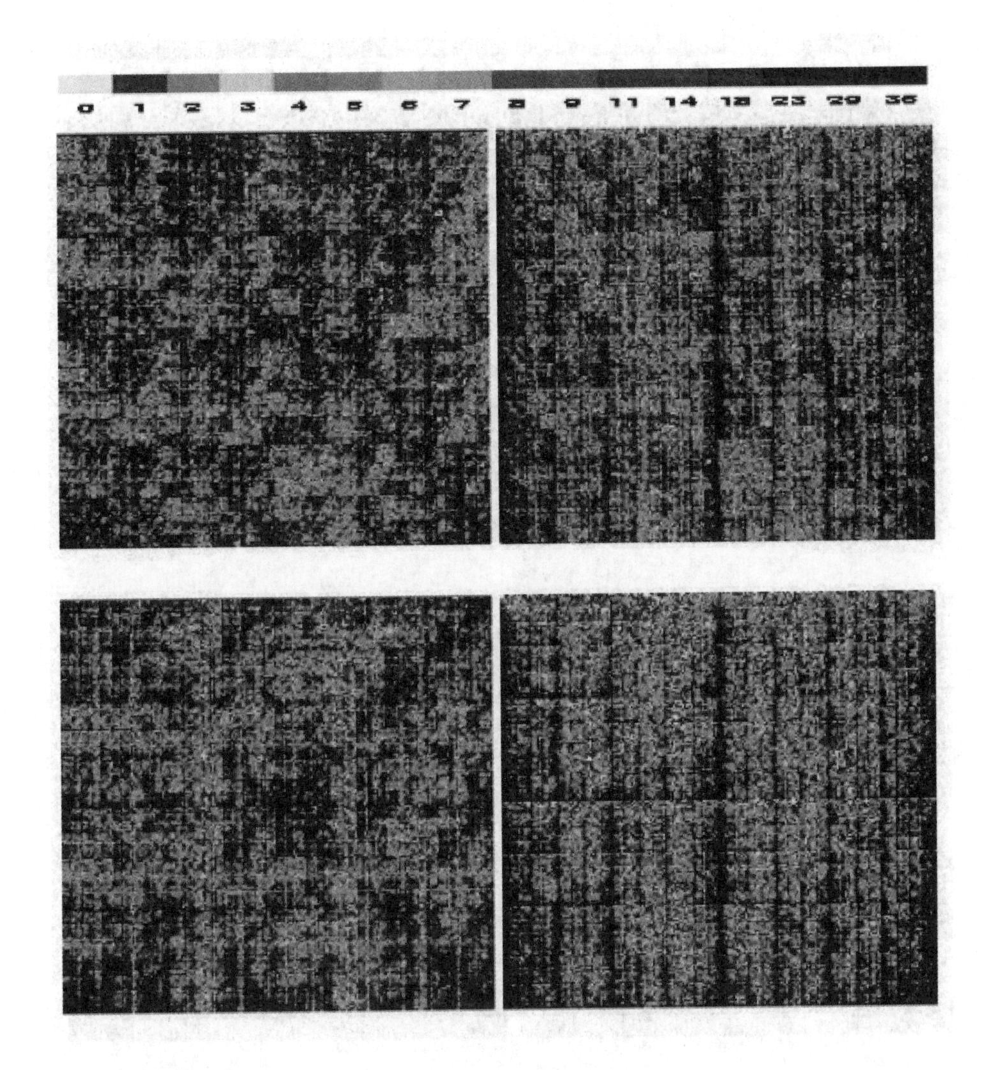

图 4.3: 由左上、右上到左下、右下：大肠杆菌 (*Escherichia coli*)、闪烁古生球菌 *Archaeoglobus fulgidus*、集胞菌 *Synechocystis* PCC 6803 和产水菌 (*Aquifex aeolicus*) 在 $K=8$ 时的“肖像” (见彩图 3)。

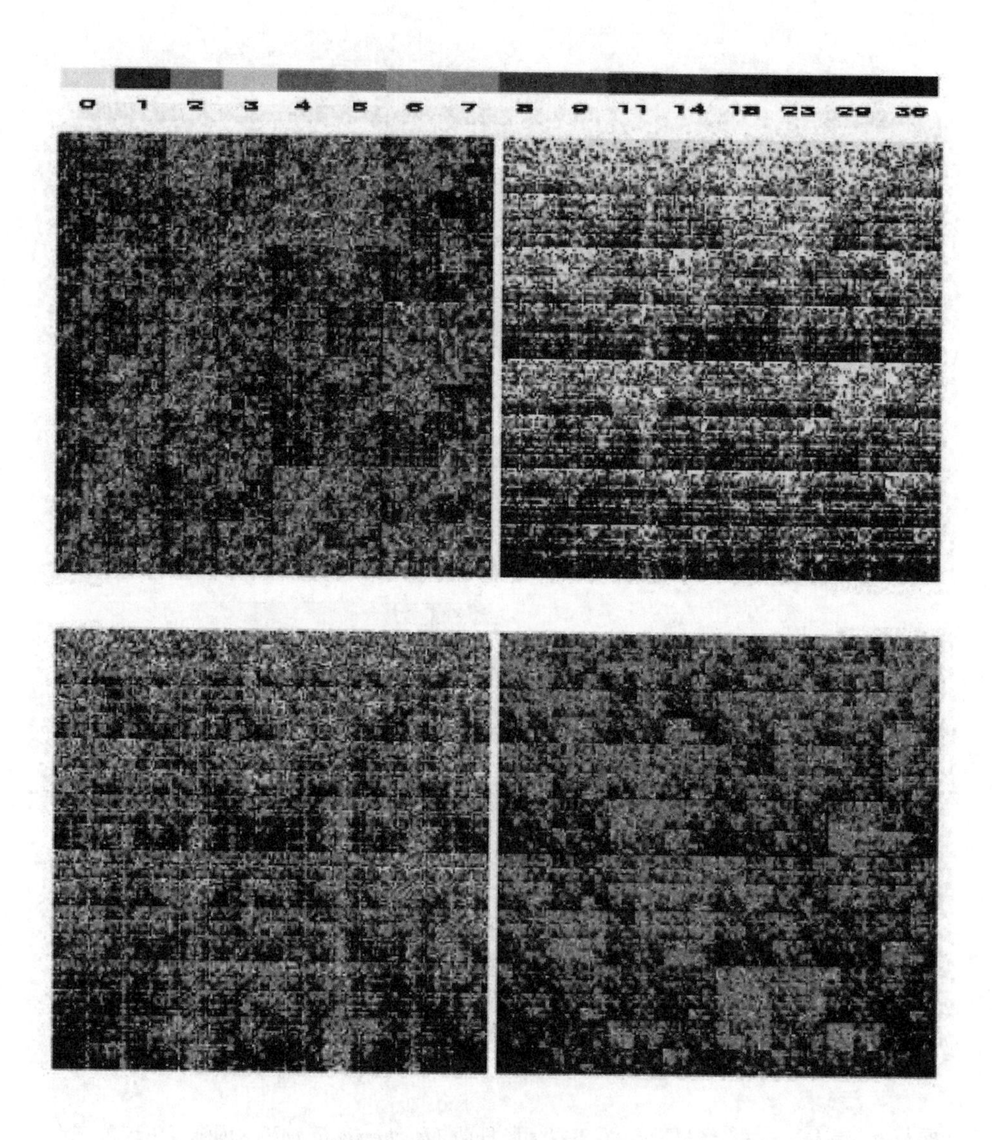

图 4.4: 由左上、右上到左下、右下：产甲烷热自养古菌 (*Methanothermobacter thermoautotrophicum*)、生殖道支原体 (*Mycoplasma genitalium*)、肺炎支原体 (*Mycoplasma pneumoniae*) 和枯草芽孢杆菌 (*Bacillus subtilis*) 在 $K=8$ 时的“肖像” (见彩图 4)。

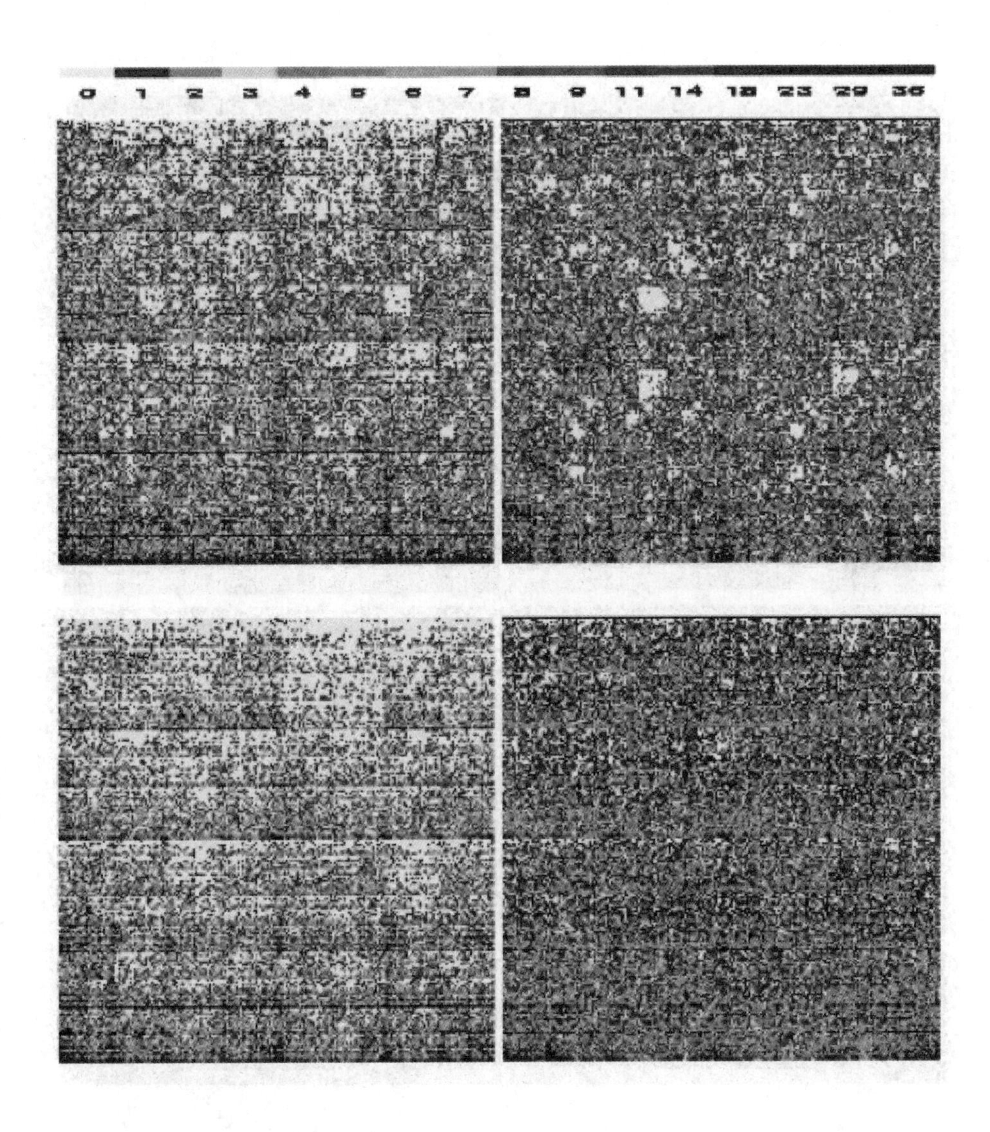

图 4.5: 由左上、右上到左下、右下：詹氏甲烷球菌 (*Methanocaldococcus jannaschii*)、幽门螺旋杆菌 (*Helicobacter pylori* J99) 菌株、伯氏疏螺旋体 (*Borrelia burgdorferi*) 和流感嗜血菌 (*Haemophilus influenzae*) 在 $K = 8$ 时的“肖像” (见彩图 5)。

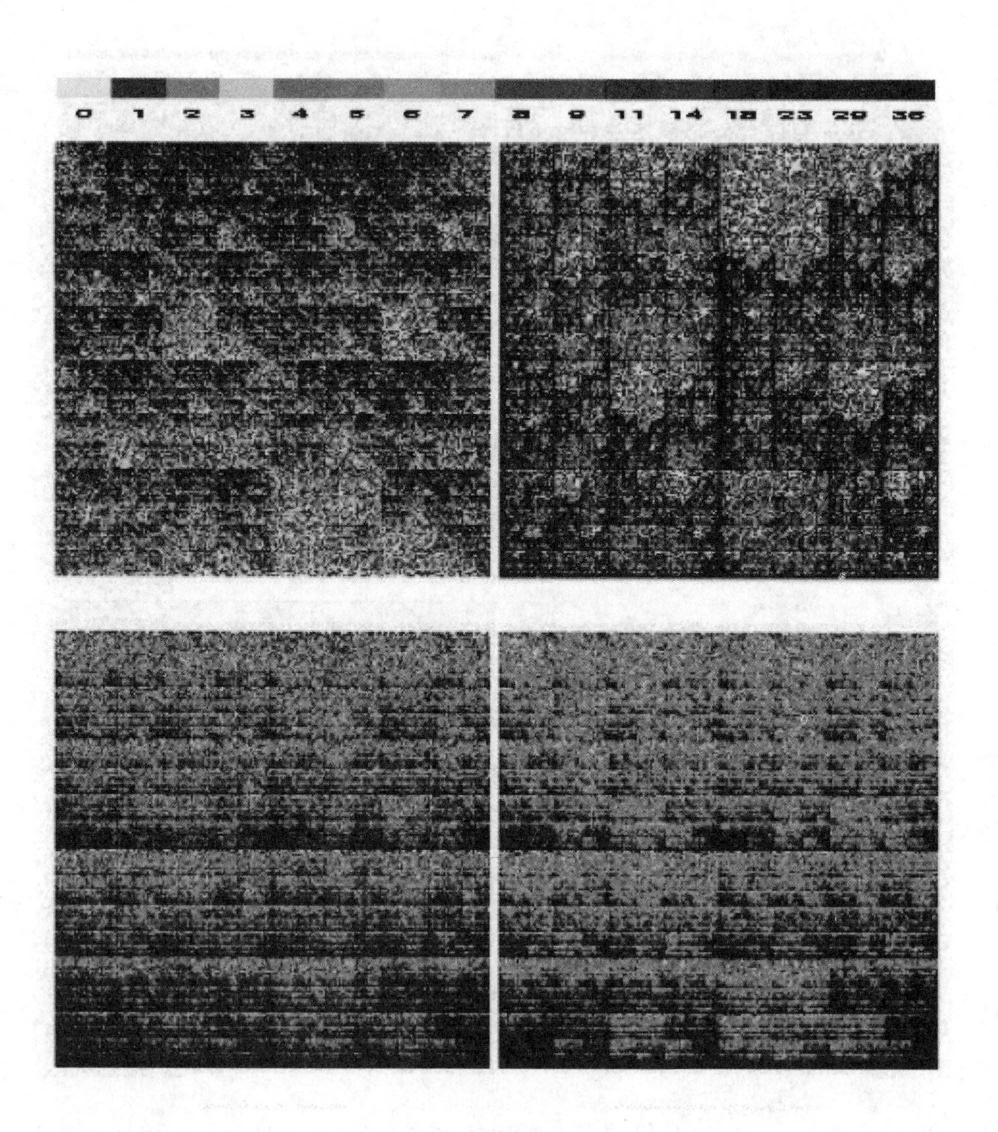

图 4.6: 由左上、右上到左下、右下：根瘤菌 (*Rhizobium* sp. NGR234)、人类免疫球蛋白、酵母第 15 号染色体和秀丽线虫第 1 号染色体在 $K = 8$ 时的“肖像” (见彩图 6)。

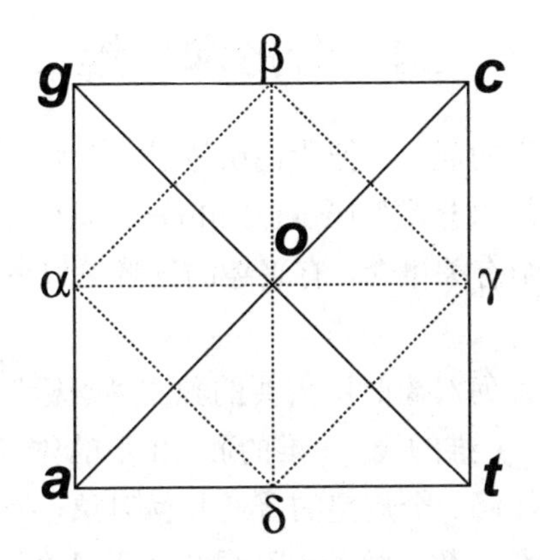

图 4.7: K 框架中的一些直线。

2. 2^{K-2} 个类型为 $\{a,c\}^{K-1}g$ 的字母串；

3. 2^{K-3} 个类型为 $\{a,c\}^{K-2}gt$ 的字母串；

4. 2^{K-4} 个类型为 $\{a,c\}^{K-3}gtt$ 的字母串，等等。

对角线下面的计数器代表 2^K-1 个与上面类似的字母串，只是字母 g 和 t 互换。

对于 $g-t$、$g-a$ 和 $c-t$ 等直线，也有类似的规律性。但是在水平线上下，情况则有所不同。例如，取恰好位于虚线 $\alpha-O$ 上面的半段直线上的计数器，它们代表 2^K-1 个类型为 $g\{g,c\}^{K-1}$ 的计数器；而在位于 $\alpha-O$ 虚线下面的半段直线上，各个点代表 2^K-1 个类型为 $a\{a,t\}^{K-1}$ 的字母串。类似地，在从下面跨过 $O-\gamma$ 虚线时。字母串 $t\{a,t\}^{K-1}$ 的计数器换成了 $c\{g,c\}^{K-1}$ 的计数器。根据夏格夫第二法则，多数细菌基因组中字母 g 的数目与字母 c 相差不多，而字母 a 的数目和 t 差不多，但是 $g+c$ 和 $a+t$ 的数目可以相差很显著。这就是我们已经提到过的 gc 含量。考虑一种 gc 含量显著偏离 0.5 的基因组，例如流感嗜血菌或肺结核分枝杆菌。由于在“肖像”中从 $\alpha-\gamma$ 下面跨到上面时，所有字母串里的 a,t 被换成 c,g，点的密度发生突变，形成鲜明反差。gc 含量偏离 0.5 越多，反差也越显著。

4.4 分形和分维

对于细菌“肖像”的观察，把我们引进了一类特殊的几何对象，即“分形”(fractal) 和它们的“分维”(fractal dimension)[1]。为了不打断本书正文的叙述，这里扼要介绍有关概念。有兴趣的读者可以参阅作者的更为详细的科普文章 [59]。

维数是刻画一个几何对象时所需要的独立“坐标”的数目。普通的几何对象，例如 0 维的点、1 维的线、2 维的面、3 维的体，乃至 4 维时空，它们都具有整数维数。取任何一个规整的普通几何对象，把它沿每个坐标方向的尺寸放大为原来的 2 倍，数一数所得结果相当于几个原来的对象。0 维的点没有尺寸，放大以后还是一个点。1 维的长度成为原来的 $2^1 = 2$ 倍。2 维的方块变成原来的 $2^2 = 4$ 倍，而 3 维立体变成原来的 $2^3 = 8$ 倍。把这些简单的算术关系合并成一个：1 个 d 维的几何对象在每个方向的尺寸都放大 l 倍以后变成原来的 N 倍，这里 $N = l^d$。现在把最后一个关系式取对数，写成

$$d = \frac{\log N}{\log l}. \tag{4.2}$$

(两个对数之比与对数的“底”无关；这里可以取自然对数。) 这样一来，我们就从维数 d 是整数的限制里解脱出来，可以设想具有非整数维数的几何对象了。

经典的分形实例是“康托尔沙尘”：取 $[0,1]$ 线段三等分之，舍去中间的 1/3，对剩下的左右两段如法炮制，即三等分后舍去中段。如此无穷地继续划分和舍去，最终得到无穷多个特别的“点”，每个“点”内部还有着类似的无穷层次。这就是康托尔沙尘。它的维数是多少呢？取左面的 1/3 线段作为考察对象，把尺寸加大 $l = 3$ 倍，扩展到整个 $[0,1]$ 线段，我们得到 $N = 2$ 个原来的对象。把这些数代进 (4.2) 中，得到

$$d = \frac{\log 2}{\log 3} = 0.6309\cdots .$$

这是一个维数介乎 1 和 2 之间的分形。类似的例子很多，例如维数是 1.613 147 的科赫岛、维数是 1.892 789 或 2.726 833 的谢尔宾斯基地毯或海绵，可以参看文献 [59]。

以上所述都还可以算是规整的几何对象，它们的特点是具有自相似的层次结构，或者说尺度变换下的不变性。具有尺度变换下的不变性的，不限于

[1]分形也有人翻译成“碎片”，它显然不如李荫远建议而被中国物理学会名词委员会采纳的“分形”。

规整的几何对象。不少随机的对象也具有自相似的层次结构。例如，布朗粒子无规行走的轨迹就是一条处处连续，但是处处无导数的分形曲线，它的分维是 2 ——分维碰巧取了整数值！

分形和分维的研究在不到 50 年里发展成为广阔的研究领域。这里有大量的论文、专著和软件。我们把它放到自然科学基础理论研究的更为广阔和基本的视角下考察。

过去，物理科学对自然界的描述有两套基本模式：以天体运动为试金石的确定论，以布朗运动为试金石的随机模式。前者的数学是无穷小分析，后者借助概率论和随机过程理论。然而，最近半个世纪以来，一套新的描述模式正在形成。那就是以混沌运动为试金石，基于尺度变换下不变性的自相似描述。在像康托尔沙尘那样的处处有空洞、处处不连续的几何对象上，不可能建立基于 $\epsilon \sim \delta$ 语言的无穷小分析。这里自然的数学工具是重正化群和符号动力学。目前，在我国的理工科高等教育里，这是还没有提上日程的内容。作者呼吁学术界给予更多注意 [61, 63]。

在本书第六章里，我们还要指出分形与形式语言学，特别是分形与按照并行语法生成的 $L-$ 系统的关系，后者在生物学里必然会有更多应用。

4.5 “肖像”背后的分形和分维

仔细观察 $K = 6,7,8,9$ 时大肠杆菌的“肖像”，可以察觉到越来越细的、近乎自相似的结构。其实，这是把基因组中 K 串的计数结果填入相应框架时，由于缺少含 $ctag$ 的字串而导致的图像。我们把含有子串 $ctag$ 的 $K = 6,7,8,9$ 的空框架画在图 4.8中。

在任何生物的基因组里面，都不存在严格数学意义下的分形。但是如果把我们视像化的 K 框架，推广到 $K \to \infty$ 的非生物学极限，就可以很好地定义分形和计算分维了。实际基因组的“肖像”，只能因为特定的缺失短串而带有相应分形的迹象。考察图 4.8所示的框架，要在 K 逐渐增大的过程中，把那些从粗到细的按一定比例缩小的方块全部删除掉，最终在 $K \to \infty$ 极限下剩下的图形才是分形。每个被删除的方块都是二维的具有确定面积的对象，真正分形的“面积”在二维平面里是零。怎样计算这种分形的维数呢？

我们先看两个简单的例子。

第一个例子是缺失一个字母 g 的 K 框架。用 a_K 表示不含字母 g 的长

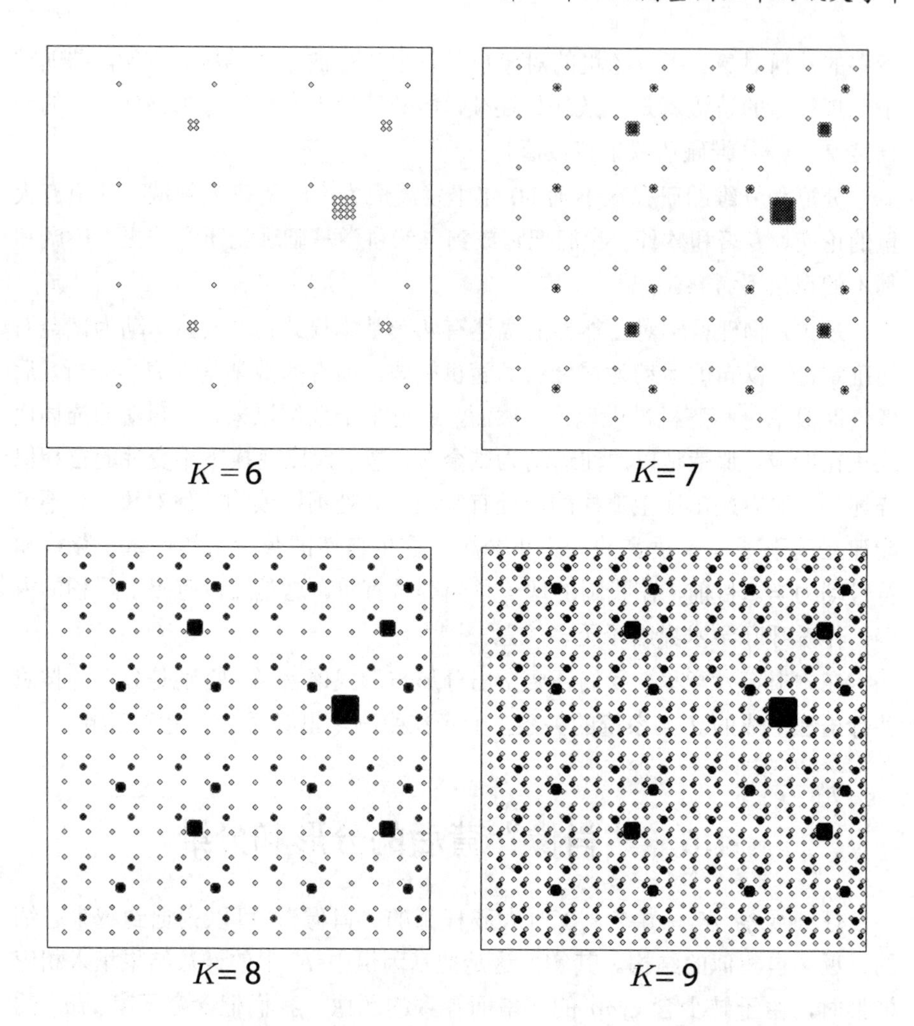

图 4.8: $K = 6, 7, 8, 9$ 的框架中含 *ctag* 子串计数器的位置分布图。

度为 K 的字串数目。在第 $K = 0$ 层次上，只有一个边长为 $\delta_0 = 1$ 的空方块，长度为 0 的字串当然不包含字母 g，因此 $a_0 = 1$。在下一个 $K = 1$ 的层次上，每个字母所占空间的线性尺度是 $\delta_1 = 1/2$，4 个字母只缺 1 个 g，因此 $a_1 = 3$。一般情形下有 $\delta_K = 1/2^K$ 和 $a_K = 3^K$。于是分维是

$$D = -\lim_{K\to\infty} \frac{\log a_K}{\log \delta_K} = \frac{\log 3}{\log 2}. \tag{4.3}$$

在这个简单例子里，因为 a_K 就是 a_{K-1} 的 3 倍，我们可以为 a_K 定义一套

近乎平庸的递归关系：

$$
\begin{aligned}
a_0 &= 1, \\
a_K &= 3a_{K-1}.
\end{aligned} \tag{4.4}
$$

引入一个辅助变量 s，在 (4.4) 式第二行两面都乘上 s^K，再对 s 求和：

$$
\sum_{K=1}^{\infty} a_K s^K = 3s \sum_{K=1}^{\infty} a_{K-1} s^{K-1} = 3s \sum_{0}^{\infty} a_K s^K.
$$

利用 (4.4) 第一行，在上式左面补上等于 0 的 $a_0 - 1$，再定义一个“生成函数”：

$$
f(s) = \sum_{K=0}^{\infty} a_K s^K.
$$

于是

$$
f(s) - 1 = 3sf(s).
$$

把 $f(s)$ 明显解出来得到

$$
f(s) = \frac{1}{1-3s}. \tag{4.5}
$$

上式右面展开成无穷级数，就算出来所有的 $a_K = 3^K$。这是本应如此的平庸结果，因为不许 g 出现时只剩下 3 个字母，长度为 K 的串正好有 3^K 种。对于包含任意其他子串的缺失串集合，其维数只能介于 (4.3) 和最大可能值 2 之间：

$$
\frac{\log 3}{\log 2} \leq D \leq 2. \tag{4.6}
$$

有限深度的线性递归关系，就是一个有限阶的线性差分方程组。它们自然导致一个生成函数。明显解出生成函数，就得到递归关系或差分方程的显式解。上面的简单例子，演示了这种普遍关系。这是解析运算中常用的有力技巧。

第二个例子是包含 cg 双核苷酸的缺失字串的 K 框架。早就知道在许多哺乳动物的基因里，cg 的含量比 gc 少，而两者都少于其他双核苷酸。这就导致了哺乳动物的许多基因都具有类似图 4.6的右上图或在图 4.9中所放大显示的人类免疫球蛋白的“肖像”；后者是根据一段大约 100 万碱基对的 DNA 绘制的。对于一个较大的 K 值，图 4.9背后的 K 框架示于图 4.10中。从 $K = 2$ 开始排除缺失串，这时 16 种双核苷酸中只有 cg 被排除。在 $K = 3$ 时，64 个三核苷酸中有 4 个已经在上一层次被排除，它们是 cgx, $x = \{a, c, g, t\}$，新的被排除的是 16 个字串 xcg, $x = \{a, c, g, t\}$。到现在为止，还没有发生

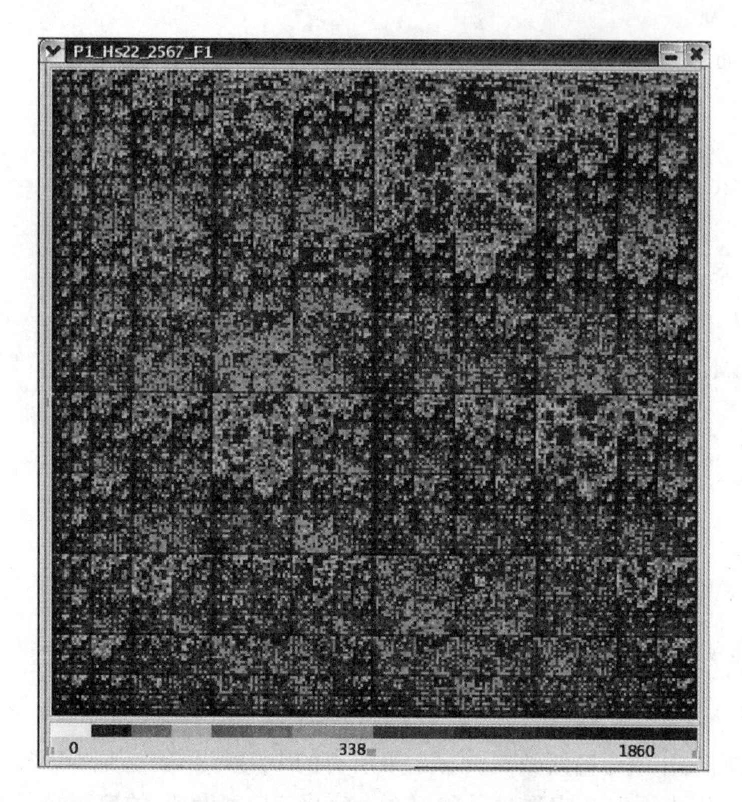

图 4.9: 人类免疫球蛋白基因在 $K=8$ 时的“肖像”，这是图 4.6的右上图的放大 (见彩图 7)。

被排除的字串互相重叠的情形。然而，在 $K=4$ 时，16 个形如 $xycg$ 的字串，其中 $x,y=\{a,c,g,t\}$，有一个串 $cgcg$ 已经在 $K=2$ 时排除过，不应当被重复计算。

在 $K=5$ 时有 8 处重复，在 $K=6$ 时有 47 处。问题在于如何自动考虑这些重复。假设我们已经知道如何计算生成函数

$$f(s)=\sum_{K=0}^{\infty} a_K s^K. \tag{4.7}$$

分维由以下公式给出：

$$D=-\lim_{K\to\infty}\frac{\log a_K}{\log \delta_K}=\lim_{K\to\infty}\frac{\log a_K^{1/K}}{\log 2}. \tag{4.8}$$

读者不难看出，这个式子其实是前面 (4.2) 式的自然推广。这里已经使用了 $\delta_K=1/2^K$ 这个关系。根据柯西判据，定义生成函数的无穷级数 (4.7) 的收

敛半径决定于

$$\lim_{K\to\infty} a_K^{1/K} = \frac{1}{s_0},$$

其中 s_0 是 $f^{-1}(s)$ 的模最小的零点。这样，如果我们知道了生成函数，分维就由下式决定：

$$D = -\frac{\log|s_0|}{\log 2}. \tag{4.9}$$

这样，分维的计算归结为寻求生成函数。我们将在后面第五和第六章里用两种不同的方法来解决这个问题。

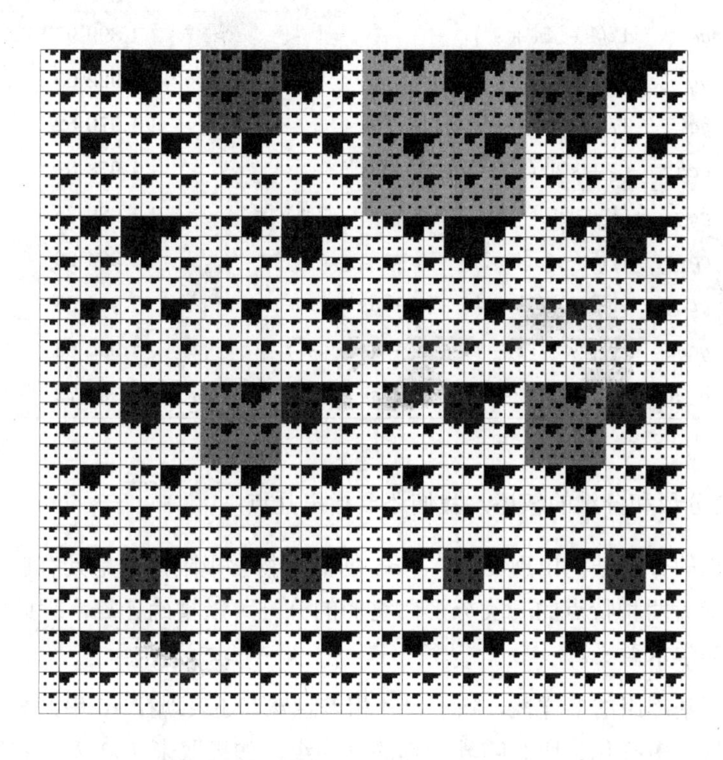

图 4.10: 包含 *cg* 子串的缺失字串的 K 框架。

像图 4.8或图 4.10所示的框架，分别各由一种短串 *ctag* 或 *cg* 决定。我们把相应短串也称为“标签”。细菌“肖像”中的某些图案，就是因为基因组中特定的标签短串明显数目偏低或缺失。由一个标签代表缺失或数目偏低的字母串，是最简单的情形。实际基因组可能有多种标签代表的缺失字串。它们的计算都可以借助生成函数。

我们在表 4.2中先给出一批单个短标签所导致的生成函数和分维，它们的具体计算要用到以后两章介绍的方法。只包含一种标签 *cg* 的缺失字串的生成函数是：

$$f(s) = \frac{1}{1 - 4s + s^2}.$$

于是 $s_0 = 1/2 - \sqrt{3}$，相应的分维是 $D = 1.899\ 968$。

表 4.2: 对应某些单个短标签的生成函数和分维

标签	生成函数 $f(s)$	分维 D
g	$1/(1-3s)$	$\log 3/\log 2$
gc	$1/(1-4s+s^2)$	1.899 97
gg	$(1+s)/(1-3s-3s^2)$	1.922 69
gct	$1/(1-4s+s^3)$	1.976 52
gcg	$(1+s^2)/(1-4s+s^2-3s^3)$	1.978 0
ggg	$(1+s+s^2)/(1-3s-3s^2-3s^3)$	1.982 35
$ctag$	$1/(1-4s+s^4)$	1.994 29
$ggcg$	$(1+s^3)/(1-4s+s^3-3s^4)$	1.994 38
$gcgc$	$(1+s^2)/(1-4s+s^2-4s^3+s^4)$	1.994 63
$gggg$	$(1+s+s^2+s^3)/(1-3s-3s^2-3s^3-3s^4)$	1.995 72

结合分形和分维的叙述，我们还要指出几点：

1. 真正的分形结构出现在 $K \to \infty$ 的非生物学极限，这是具有自相似和自覆盖两种特点的一类分形。它们的分维可以精确计算，因此具有一定的学术意义。

2. 细菌基因组的多样性，除了尺寸相差悬殊，还表现在 K 串组分即“肖像”的多样化。所有哺乳动物的基因组，如果取来 100 万左右碱基对的一段，其“肖像”都会很接近图 4.9。相比之下，细菌们的“肖像”，却更为多样化。换言之，原核生物的基因组“组分”具有明显的多样性，而基因的表达和调控却比较“简单”。相比之下，如果不去比较分类上相差甚远的物种，真核生物的基因组“组分”倒是较为一致，它们的多样性更多地来自基因的调控和表达。

3. 亲缘关系或分类学上比较接近的细菌，它们的“肖像”也彼此相像。例如，大肠杆菌、志贺氏痢疾杆菌 (*Shigella*)、沙门氏菌 (*Salmonella*) 这些肠道细菌的“肖像”就难以靠肉眼分辨。这一观察曾经启发我们尝试从缺失字串的特异性探求细菌的亲缘关系 [51]。这次尝试的失败，把我们引向了基于全基因组的组分矢量方法，这是本书第八章要叙述的故事。

在结束本节之前，我们借助几个大方块里点分布的图形，讨论一下“复杂性”的概念。请观察图 4.11中的两个方块，哪一个更复杂呢？好像左图比右图简单一些。事实上，左面是 10 000 个周期排列的点，而右面是 10 000 个随机分布的点。随机分布比周期排列复杂，这是一种观点。有人甚至认为，随机分布是最复杂的图形。这是混淆了随机性和复杂性。历史上有一些“复杂性”的定义，例如著名的柯尔莫哥洛夫复杂性，本质上就说的是随机性。

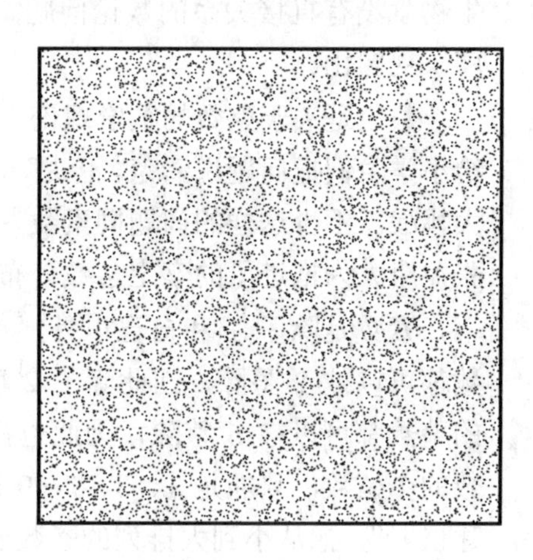

图 4.11: 周期排列 (左) 和随机分布 (右) 的点。

看一下前面的图 4.10，这是缺失标签 cg 所导致的计数器分布框架。在 $K \to \infty$ 的极限下，它给出一个包含自相似和自覆盖结构的分形。它显然比周期分布的点要复杂些。但是，同随机分布的点相比，又如何呢？产生图 4.10的过程，就比图 4.11右面的随机分布更“复杂”一些，但是它们都可以通过有限的计算过程产生出来。

现在来观察更前面的图 4.9，即人类免疫球蛋白基因序列的“肖像”。离开了实际的基因组数据，这个图就不能借助任何程序产生出来。而人类基因组是大自然几十亿年突变和选择的演化结果。这个图形隐隐约约地包含着框架图 4.10的结构，又有着某种随机分布的背景。在一定意义下，这才是真正复杂的图形。

复杂性不是一个空洞概念。不存在复杂性的一般标尺。必须在明确界定的条件下讨论和比较对象的复杂性。图 4.9的复杂就在于它在多个层次上随机地混合了某些自相似和自覆盖结构。关于复杂性，可以参阅作者的几篇科普文章 [60, 62]。

本书第六章介绍了形式语言以后，我们还可以看到，把来自实际问题的符号序列纳入语法复杂性框架，建立另一套复杂性尺度的办法。

4.6 素数个位数分布的非随机性

既然已经讲到了非生物学极限下的分形和复杂性，我们就再介绍一个与生物学没有直接关系的数论问题。它可以借助细菌“肖像”的 SeeDNA 程序来视像化。

数论是关于整数的数学理论。数论中有许多“简单”问题，简单到可以给小学生们把问题说清楚。但是，寻求答案却是对当代最好的数学家们的巨大挑战。不少这样的问题同素数有关。例如哥德巴赫猜想或者在 2013 年被张益唐大为推进了的孪生素数分布问题。

素数是除了 1 和自己以外，不能被任何其他整数整除的数。所有的偶数都可以被 2 整除，因此除了 2 以外的偶数都不是素数。个位数是 0 或 5 的整数都可以被 5 整除，因此也都不是素数。这样，除了 2 以外，所有素数的个位数，只能是 1、3、7、9 四种。台湾中央大学天文系的高仲明教授建议 [73]，把从小到大排列的素数表取来，提取所有素数的个位数，把 1、3、7、9 四个数字看成 a、c、g、t 四种字母，送到我们前面介绍的 SeeDNA 程序中去，看看素数表个位数组成的序列的“肖像”如何。以上讲的是素数的十进制表示。其实，在其他进制下也可以考察末位数的分布。不过，只有在五、八、十、十二进制下，末位数有四种可能选择。图 4.12是八进制和十进制表示下，素数末位数组成的 8 串和 9 串的“肖像”。

图 4.12使用的颜色标尺，同前面的细菌“肖像”不同：深色代表较少的计数，而鲜亮表示较多的计数。图中的斑纹是表示框架和分布性质双重作用的结果。

据笔者所知，素数末位数分布的性质并没有被完全理解。最近的进展 [2] 是发现下一个紧随素数的末位数与上个数相同的概率小得多。例如，以 7 结尾的素数，其紧随素数的末位数是 1、3、9 的概率，远高于 7 的概率。

[2] 见 R.J. Lemke Oliver 和 K. Soundararajan 在 2016 年 3 月 11 日提交到预印本库 arXiv.org 的编号为 arXiv:1603.03720v2 的文章。

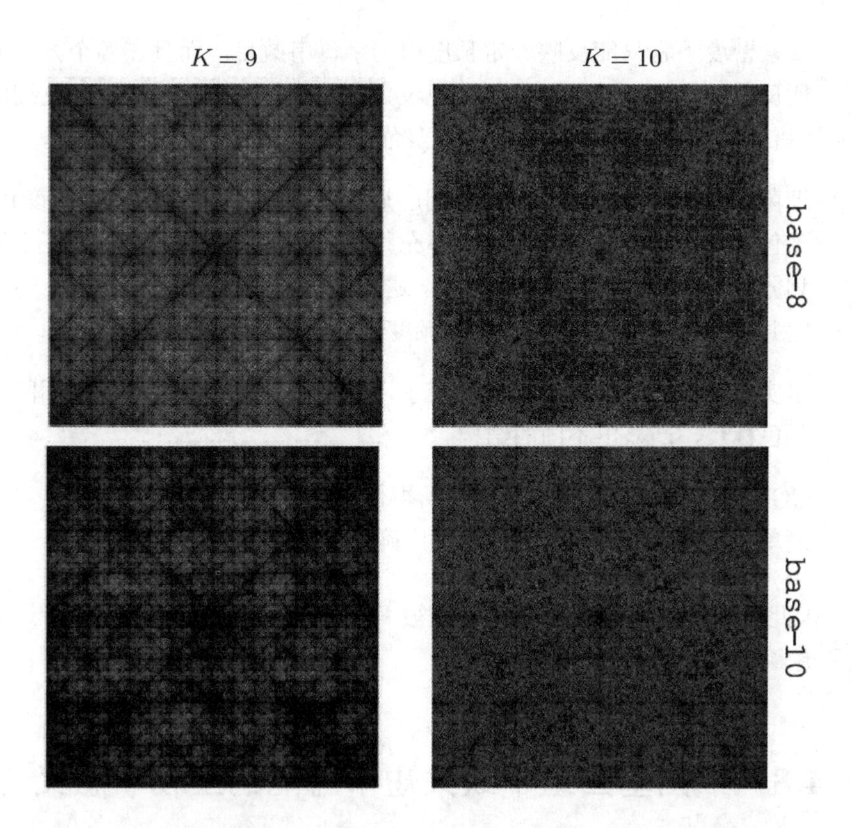

图 4.12: 八进制和十进制表示中素数个位数分布的“肖像”(见彩图 8; 感谢高仲明教授惠允使用论文 [73] 中的此图)。

4.7 细菌“肖像”与 DNA 的混沌游戏表示

我们在第二章第 2.4.1节里提到过 1990 年杰弗瑞 [70] 建议的 DNA 序列的混沌游戏表示 CGR。如果把 CGR 用于很长的 DNA 序列或者一个细菌的全基因组，则除了没有颜色以外，CGR 图形同前面讲到的细菌“肖像”很相似。武作冰 [130] 引入了一种 DNA 序列的测度表示，指出 CGR 显示的点的分布与一定长度内的字母串数目有关。廷诺 (P. Tiňo)[116] 研究了 CGR 和只用一种颜色的细菌“肖像”的点分布，在字母串长度趋向无穷时的测度，指出两者是相同的。

我们对这些研究作几点评述。

1. 细菌“肖像”中的 K 串长度是一个给定的数，它直接反映 K 串的分布密度。在 CGR 中没有明确出现字母串长度，实际上在有限的屏幕像素密度下它只能反映一定长度内的字母串数目，而且在各个方向上所反映的值略有差别，不能实现设定。如果只考虑 CGR 和单色细菌“肖像”的多分形结构，则廷诺已经证明 [116] 它们可以互相转换。

2. 细菌“肖像”中的颜色代表着相应短串的频度，CGR 只有一种颜色，不包含短串频度信息。如果要补充频度信息，就必须把原来的正方形划分成小格，在格子中分别计数。这不仅增加了 CGR 的计算量，而且它并不代表长度一定的 K 串的频度。

3. 事实上 CGR 只能用一种颜色表示，而细菌“肖像”可以选用不同的颜色标尺，凸显出不同的结构。

4. CGR 的算法相对比较繁琐，但所得信息反而较少。细菌“肖像”算法简单，可以一次算出。它的意义明确，就是各种 K 串的计数。

因此可以认为，CGR 的功用已经被“肖像”完全取代 [43]，而后者还提供了更多的信息。

4.8 细菌基因组中缺失短串可能的生物学意义

大肠杆菌基因组中连续出现的 4 字母短串 *ctag* 特别稀少，这是生物学家们已经知道的事实。在大肠杆菌基因组的测序报告 [9] 里就曾提到这个事实。那里说大肠杆菌基因组里短串 *ctag* 特别稀少，是一个熟知的事实。从字母丰度应当预期有 18 101 个这样的短串，事实上只有 886 个，仅达到估计值的 5%。报告 [9] 还引用了一些解释这一现象的文章。

我们考察了各种细菌的基因组“肖像”，发现不止大肠杆菌有缺失或缺少的短字母串，而且并不限于 *ctag* 这一种串。表 4.3里列举了一批我们自己的观察结果 [55]；有些从 SeeDNA 程序 [106] 产生的“肖像”看不大清楚的图斑，要靠阿凡提算法来计算。

表 4.3里列举的 4 字母串全是回文。对于 4 个字母的短串，这就是第 1 和第 4 字母满足 Crick-Watson 配对、同时第 2 和第 3 字母配对。缺失字串多为回文这一事实，透露出它们与限制性内切酶识别位点的关系。

原来大部分细菌基因组都编码了自己的进攻武器，即可以识别外来 DNA 序列并把后者在特定位点处剪断的蛋白质：“限制性内切酶”。1970 年代在细菌中首先发现了这类内切酶，它们很快成为分子生物学和遗传工程

表 4.3: 一批细菌基因组里显著缺少的 4 字母短串

细菌	显著缺少的 4 字母短串								
大肠杆菌	*ctag*								
沙门氏菌	*ctag*								
志贺氏痢疾杆菌	*ctag*								
海栖热袍菌	*ctag*								
耐辐射奇球菌	*ctag*								
根瘤菌	*ctag*								
枯草芽孢杆菌	*ctag*								
产甲烷热自养古菌	*ctag*					*gcgc*	*cgcg*		
苍白密螺旋体	*ctag*							*ggcc*	
产水菌	*ctag*				*tcga*	*gcgc*		*ggcc*	
詹氏支原体	*ctag*		*gatc*	*gtac*		*gcgc*	*cgcg*		
肺炎支原体									*ccgg*
幽门螺旋杆菌		*acgt*		*gtac*	*tcga*				
流感嗜血菌								*ggcc*	*ccgg*
伯氏疏螺旋体							*cgcg*		
集胞菌 PCC 6803						*gcgc*	*cgcg*		
强烈炽热球菌						*gcgc*	*cgcg*		

实验室里的工具。有一家名为新英格兰生物实验室 (New England BioLabs[3]) 的公司，宣称发现了成百种限制性内切酶。这家公司的产品目录，可以用作限制性内切酶及其识别位点的手册。最常见的第二类限制性内切酶的识别位点，多为 4 至 6 个字母的回文。4 个字母组成的回文一共有 16 种，它们都是某种限制性内切酶的识别位点。

ctag 是最常见的识别位点之一。具体到大肠杆菌，基因组中含量明显偏低的实际上是 6 个字母的回文 *cctagg*。它也是内切酶的一种识别位点。

限制性内切酶是演化过程的产物。可以设想，当它初次出现时，具有很大的杀伤力；它曾经消灭了不少在同一个生态环境中的其他细菌物种。只有那些本来就包含较少相应识别位点或发展出自己的防御系统的菌株才得以存活下来。甲基化酶就是一种这类防御系统。细菌把对自己很重要，但同时又可能成为“天敌”识别位点或被自己的内切酶“误伤”的 DNA 片段保护起来。办法是把那一短段里碳原子 (C) 上的氢原子 (H)，换成体积更大的甲

[3]可以参看其网页 http://www.neb.com。

基 (CH_3)。

生活在现今环境中的细菌，大都具有限制性内切酶和甲基化酶两套系统。这是演化的结果。必然有过一个历史时期，那时还没有任何限制性内切酶。大肠杆菌祖先们的生活环境里，某种细菌发展出专门识别 *ctag* 的内切酶。于是只有不含或少含 *ctag* 短串的菌株，得以生存繁衍。我们今天在大肠杆菌基因组里观察到的显著缺失的短串，可能是某个遥远的演化环境的遗迹。从这个意义上说，我们绘出的许多细菌基因组“肖像”，就像是天文观察中在不同波段拍摄的天体图，它们记录的也是曾经发生在演化历史上，而如今才到达摄像镜头的事件。

由于根据现有数据很难恢复大肠杆菌的祖先们生活环境里的物种分布，我们只能把上面的描述看做一种假设。我们还可以提出一些与此有关的问题。在真核生物里有没有与限制性内切酶同源的蛋白质？除了在酵母里有些似曾相识的酶，迄今没有带普遍性的发现。一种可能性是，真核生物发展出后来成为免疫系统的功能来保护自身，限制性内切酶进入了一条演化死胡同。

然而，甲基化系统在真核生物中继续发展，我们在前面讲述外饰基因组学时已经提到。这里提出的问题，必须靠比较分析大量各类基因组数据才能获取进一步的答案。

第五章　G–J 集团方法

本章用组合学方法来计算前一章第 4.5节 (4.7) 式中定义的生成函数。我们先把问题表述得更普遍一些。

令 Σ 代表一个字母集合，例如 $\Sigma = \{a, c, g, t\}$。用 Σ^* 代表所有用字母集合 Σ 中的符号组成的有限长字串的集合，包括一个空串。再给定一个"坏字"的集合 B(B 是 Bad 的首字母)。含有 B 中元素作因子的字，可以叫做"脏字"。我们只许使用"干净"字，即不含脏字的各种长度的字。令 $A \in \Sigma^*$ 代表干净字的集合，a_K 为长度是 K 的干净字的数目。我们的任务是建立一举计算所有 a_K 的生成函数。

5.1　Goulden–Jackson 集团方法

在组合学里有一套解决这类问题的强有力方法,即 1979 年 I. P. Goulden 和 D. M. Jackson 建议的集团方法 [38, 39]。有一篇介绍此方法的文章 [89]，比较容易阅读，它还附有一批可用于实际计算的 Maple 语言程序。不过，我们还是通过一步一步地具体计算自己的实例，帮助读者掌握这一方法。

首先，我们赋给每一个字 w 一个权重：这就是辅助变量 s 的 $|w|$ 次幂，其中 $|w|$ 是字 w 的长度，即它所包含的字母数目：

$$\text{weight}(w) = s^{|w|}.$$

如果我们计算出所有干净字的权重之和，然后把这个求和中的各项按字长重新排列：

$$f(s) = \sum_{w \in A} \text{weight}(w) = \sum_{K=0}^{\infty} a_K s^K,$$

那我们就完成任务了。让我们先把对干净字的求和，扩展为对所有的字求和：

$$\sum_{w\in A} \Rightarrow \sum_{w\in \Sigma^*}.$$

同时把每个权重 weight(w) 乘上一个因子，这个因子乃是 0 的 m 次幂，m 是字 w 中所含坏因子即来自集合 B 的元素的数目：

$$\text{weight}(w) \Rightarrow \text{weight}(w) \times 0^m,$$

这里根据定义有

$$0^0 = 1,$$
$$0^m = 0,\ m > 0.$$

于是干净字的权重乘上了因子 1，而脏字的权重乘上了因子 0。在对所有字的权重求和时，脏字实际上没有贡献。

现在让我们运作一下 0 的幂次。设我们有 3 个对象组成的一个集合，例如 $S = \{a_1, a_2, a_3\}$，而我们把对应每个对象的 3 个 0 乘起来 $\prod_{a_i\in S} 0$。再把集合 S 的元素，重新组合成一批子集 σ_i 的集合：

$$\{\sigma_i\} = \{\epsilon; a_1, a_2, a_3; a_1a_2, a_2a_3, a_3a_1; a_1a_2a_3\},$$

其中 ϵ 代表空子集。上面一共有 $2^3 = 8$ 个子集合。我们把 3 个 0 的乘积，改写成对这 8 个子集合的求和：

$$\prod_{a_i\in S} 0 = \prod_{a_i\in S} [1 + (-1)] = \sum_{\{\sigma_i\}} (-1)^{|\sigma_i|}, \tag{5.1}$$

其中 $|\sigma_i|$ 是子集合 σ_i 的势 (cardinality)，即 σ_i 所包含的元素数目。$|\sigma| = 3$ 时，这就是恒等式：

$$0^3 = [1 + (-1)]^3 = 1 + (-1)^1 + (-1)^2 + (-1)^3 = 1 - 1 + 1 - 1.$$

这实际上是 Sylvester 容斥原理 (principle of inclusion-exclusion) 的一个特例。我们用最简单的例子来解释一下这个集合论里的基本原理。假定有两个集合 $\mathcal{A}$ 和 $\mathcal{B}$，它们可以形成交 $\mathcal{A}\cup\mathcal{B}$ 和并 $\mathcal{A}\cap\mathcal{B}$。现在我们计算这各种组合中的元素数目，即它们的势。容易看出：

$$|\mathcal{A}\cup\mathcal{B}| = |\mathcal{A}| + |\mathcal{B}| - |\mathcal{A}\cap\mathcal{B}|.$$

这是因为简单地把两个集合中的元素数目加起来时，两者的并中的元素要被重复计算一次，因而应当减去。

这个关系可以推广到 3 个或更多集合的情形。例如，

$$|\mathcal{A}\cup\mathcal{B}\cup\mathcal{C}|=|\mathcal{A}|+|\mathcal{B}|+|\mathcal{C}|-|\mathcal{A}\cap\mathcal{B}|-|\mathcal{B}\cap\mathcal{C}|-|\mathcal{C}\cap\mathcal{A}|+|\mathcal{A}\cap\mathcal{B}\cap\mathcal{C}|.$$

注意，这里交替出现的正负号，表示“兼容”之后还要“排斥”重复计算的部分；这对应 (5.1) 式中的正负号交替。

我们现在可以写

$$f(s)=\sum_{w\in\Sigma^*}\sum_{\sigma\in\mathrm{Bad}(w)}(-1)^{|\sigma|}s^{|w|},$$

这里 $\mathrm{Bad}(w)$ 是字 w 中坏因子的集合。

事实上，我们现在对一批新的对象 (w,σ) 和新的权重 $(-1)^{|\sigma|}s^{|w|}$，提出了新的计数问题。这些新对象可以叫做“带标签的字”，即字 w 带上了 $\sigma\in\mathrm{Bad}(w)$ 中一个因子作为“标签”。注意，一个标签 σ 可以是空的，也可以是 w 中一个或多个坏因子的组合。当 $\sigma=\epsilon$ 时，字是干净的。

把所有带标签的字的集合记为 $\mathcal{M}=\{(w,\sigma)\}$。集合 $\mathcal{M}$ 的权重仍然是 $f(s)$。不失普遍性，我们可以从右端开始考察 $\mathcal{M}$ 中的每一个字。集合 $\mathcal{M}$ 包含一个空字。$\mathcal{M}$ 中还有一批字只包含字母集中的单个字母，因此并不是 B 中任何元素的一部分。$\mathcal{M}$ 中还有一批字，它们包含 B 中坏字组成的集团。因此，我们可以使用集合论中的符号写出

$$\mathcal{M}=\{\text{empty word}\}\cap\mathcal{M}\Sigma\cap\mathcal{M}\mathcal{C},$$

其中 $\mathcal{C}$ 代表脏字组成的集团。

把这个式子按权重写出来就是

$$f(s)=1+f(s)ds+f(s)\mathrm{weight}(\mathcal{C}).$$

上式中的 $d=|\Sigma|$，即字母集 Σ 的势。对于核苷酸字母集 $d=4$。因此，我们得到

$$f(s)=\frac{1}{1-ds-\mathrm{weight}(\mathcal{C})}.\tag{5.2}$$

当 B 是空集，即根本没有脏字的情况下，我们得到平庸的结果：

$$f(s)=\frac{1}{1-4s}.\tag{5.3}$$

这只是用更为书生气的方式，说明长度为 K 的字共有 4^K 个。

当集合 B 只包含一个字 u，而它又不能同自己组成集团，例如

$$u = gct$$

时，权重就是 $\text{weight}(\mathcal{C}) = s^{|u|}$，于是可以求得

$$f(s) = \frac{1}{1 - 4s - s^{|u|}}. \tag{5.4}$$

当坏字可以同自己形成集团，例如 $u = gcg$ 导致集团 $gcgcg$、$gcgcgcg$ 等等时，情况就复杂多了。这时必须使用我们在下一节里描述的技术。

我们已经在上一章的表 4.2里，提前把长度在 $n \leq 4$ 以内的单标签所导致的生成函数和相应的分形数值列举出来。

表 4.2中没有列举等价的，即生成函数相同的标签。在这个表里面我们看到 1 个单字母标签、2 个双字母标签、3 个三字母标签、4 个四字母标签，等等。那么，对于长度为 n 的标签，不等价的生成函数有多少种呢？把这个数目记为 $G(n)$。原来 $G(n)$ 同字母集 Σ 的大小没有关系 [40]，只要它的势大于 2。对于所有标签长度 $n \leq 14$，我们把不等价生成函数的数目 $G(n)$ 列于表 5.1中。

表 5.1: 标签长度 $n \leq 14$ 的不等价生成函数的数目 $G(n)$

n	$G(n)$	n	$G(n)$
1	1	8	13
2	2	9	17
3	3	10	21
4	4	11	27
5	6	12	30
6	8	13	37
7	10	14	47

对于 $n = 1, 2, 3, \cdots$，$G(n)$ 是一个整数序列。有一本《整数序列百科全书》[109]，它是书中列举的第 M0555 号序列。还可以参看网站 [108]。

$G(n)$ 这样的函数，自变量和函数值都是整数。这是一种数论函数。许多数论函数可以很简单地定义，并且直接算出自变量不太大时的函数值，但是写不出来一般的表达式。这时，《整数序列百科全书》或它的网页 [108] 是很有用的。

现在继续用几个实例演示 Goulden–Jackson 集团展开方法。

5.2 集团的权重函数：产水菌

我们看到，计算生成函数 $f(s)$ 的核心步骤，是求得公式 (5.2) 中的集团 $\mathcal{C}$ 的权重函数 weight($\mathcal{C}$)。我们先计算比较一般的产水菌情形，再转而处理更为简单的只有一个 $K=7$ 的缺失字串的大肠杆菌，再回到有多个缺失串的一种古菌。

产水菌 (*Aquifex aeolicus*) 的基因组 [25] 是一个远非平庸的例子，因为这个由 1 551 335 个碱基对组成的序列在 $K=7$ 时有 4 个缺失串：

$$B=\{gcgcgcg, gcgcgca, cgcgcgc, tgcgcgc\}. \tag{5.5}$$

可以看出，这些缺失串之间存在很多首尾部分重叠的情形，它们可以互相“咬合”形成多种集团。前面对冗余字串数目的简单估计很难成立。为了处理坏字组成的集团，我们引入一些记号：

$$\begin{aligned}&\mathrm{Head}[v]=\{v\text{的真前缀}\},\\&\mathrm{Tail}[u]=\{u\text{的真后缀}\},\\&\mathrm{Overlap}(u,v)=\mathrm{Tail}[u]\bigcap\mathrm{Head}[v].\end{aligned}$$

一个字的“真”前缀是长度比字本身至少短一个字母的非空的前缀，这个定义排除了一个字本身被当做自己的“前缀”。请注意 Overlap(u,v) 的定义是不对称的。以 $u=gcgcgcg$ 和 $v=gcgcgca$ 为例，我们有：

$$\begin{aligned}&\mathrm{Head}[u]=\mathrm{Head}[v]=\{g, gc, gcg, gcgc, gcgcg, gcgcgc\},\\&\mathrm{Tail}[u]=\{g, cg, gcg, cgcg, gcgcg, cgcgcg\},\\&\mathrm{Tail}[v]=\{a, ca, gca, cgca, gcgca, cgcgca\},\\&\mathrm{Overlap}(u,u)=\{g, gcg, gcgcg\},\\&\mathrm{Overlap}(u,v)=\{g, gcg, gcgcg\},\\&\mathrm{Overlap}(v,u)=\{\}=\emptyset,\\&\mathrm{Overlap}(v,v)=\{\}=\emptyset,\end{aligned}$$

其中 $\emptyset$ 代表空集。如果 $v=xx'$，我们记 $v/x=x'$。因此，当 $v=gcgcgca$ 时，$v/gcg=cgca$。再专门为 Overlap(u,v) 的权重引入记号

$$(u:v)=\sum_{x\in\mathrm{Overlap}(u,v)}\mathrm{weight}(v/x).$$

仍然以上面的 u, v 为例，我们有

$$\begin{aligned}(u:v) &= \sum_{x\in\{g,gcg,gcgcg\}} \text{weight}(gcgcgca/x)\\ &= \text{weight}(cgcgca) + \text{weight}(cgca) + \text{weight}(ca)\\ &= s^6 + s^4 + s^2.\end{aligned}$$

在一般情形下可能有 $B = \{u_1, u_2, \cdots, u_L\}$。一个集团 $\mathcal{C}$ 可能在最右端包含不同的字。我们写成

$$\mathcal{C} = \sum_{u_i\in B} \mathcal{C}[u_i],$$

其中 $\mathcal{C}[u]$ 是最右端部分为 u 的集团。

由于 $\mathcal{C}[v]$ 可能是单独的 v 或是几个纠缠在一起的坏字，我们又有集合论关系：

$$\mathcal{C}[v] \Leftrightarrow \{v\} \bigcup_{u\in B} \mathcal{C}[u]\text{Overlap}(u, v).$$

写成权重函数，这就是

$$\text{weight}(\mathcal{C}[v]) = -\text{weight}(v) - \sum_{u\in B} (u:v)\text{weight}(\mathcal{C}[u]).$$

这是 L 个线性方程的方程组，其中 L 是 B 的势，即 $L = |B|$。上面式中的负号来自 $|\sigma| = 1$ 时的权重 $(-1)^{|\sigma|}$。

对于产水菌有 $L = 4$，见 (5.5) 式。这时 Overlap 矩阵是

$$\text{Overlap}(u_i, u_j) = \begin{vmatrix} \left\{\begin{matrix} g\\ gcg\\ gcgcg\end{matrix}\right\} & \left\{\begin{matrix} g\\ gcg\\ gcgcg\end{matrix}\right\} & \left\{\begin{matrix} cg\\ cgcg\\ cgcgcg\end{matrix}\right\} & \emptyset\\ \emptyset & \emptyset & \emptyset & \emptyset\\ \left\{\begin{matrix} g\\ gcg\\ gcgcg\end{matrix}\right\} & \left\{\begin{matrix} g\\ gcg\\ gcgcg\end{matrix}\right\} & \left\{\begin{matrix} c\\ cgc\\ cgcgc\end{matrix}\right\} & \emptyset\\ \left\{\begin{matrix} g\\ gcg\\ gcgcg\end{matrix}\right\} & \left\{\begin{matrix} g\\ gcg\\ gcgcg\end{matrix}\right\} & \left\{\begin{matrix} c\\ cgc\\ cgcgc\end{matrix}\right\} & \emptyset \end{vmatrix}$$

引入记号

$$\begin{aligned} p &= s^2 + s^4 + s^6,\\ q &= s + s^3 + s^5,\end{aligned}$$

我们进一步有：

$$(u_i : u_j) = \begin{vmatrix} p & p & q & 0 \\ 0 & 0 & 0 & 0 \\ q & q & p & 0 \\ q & q & p & 0 \end{vmatrix}.$$

这样，Goulden–Jackson 集团展开方法导致求解一组 4 个线性方程，最终得到如下的生成函数：

$$f(s) = \frac{1 + s^2 + s^4 + s^6 + s^8 + s^{10} + s^{12}}{1 - 4s + s^2 - 4s^3 + s^4 - 4s^5 + s^6 - 4s^8 - 4s^{10} - 4s^{12}}.$$

冗余缺失字串的精确数目是：

$$\frac{1}{1-4s} - f(s) = 4s^7 + 27s^8 + 152s^9 + 784s^{10} + 3840s^{11} + 18176s^{12} + 83968s^{13} + \cdots \tag{5.6}$$

这些系数与下面第六章里表 6.3中最后一行中的数字 (忽略负号) 完全相同。那里的结果是借助形式语言学工具计算出来的。

5.3 集团的权重函数：大肠杆菌

大肠杆菌在 $K = 7$ 时只有一个坏字 $gcctagg$。这个坏字的首尾字母相同，于是它可以不断地自我连接，形成任意长的集团。我们有

$$B = \{u\} \equiv \{gcctagg\}.$$

对此单一的 u，我们定义

$$\text{Head}[u] = \{gcctag, gccta, gcct, gcc, gc, g\},$$

和

$$\text{Tail}[u] = \{cctagg, ctagg, tagg, agg, gg, g\},$$

以及二者的并

$$\text{Overlap}[u, u] = \text{Tail}[u] \cap \text{Head}[u] = \{g\}.$$

由于只有一个 u，上面的 Overlap$[u, u]$ 只能是对称的。根据定义，它的权重是

$$(u : u) = \sum_{x \in \text{Overlap}[u,u]} \text{weight}(u/x) = \text{weight}(u/g) = \text{weight}(cctagg) = s^6.$$

于是我们得到一个决定集团 $\mathcal{C}[u]$ 的线性方程：

$$\text{weight}\mathcal{C}[u] = -\text{weight}(u) - (u:u)\text{weight}\mathcal{C}[u].$$

它的解是：

$$\text{weight}\mathcal{C}[u] = -\frac{s^7}{1+s^6}.$$

把它代入 (5.2) 式，最终得到如下的生成函数：

$$f(s) = \frac{1+s^6}{1-4s+s^6-3s^7}. \tag{5.7}$$

为了得到冗余缺失字串的数目，只需要从全无坏字、只有干净字的生成函数 (5.3) 减去上面的 $f(s)$，得到

$$\begin{aligned}\frac{1}{1-4s} - f(s) = s^7 + 8s^8 + 48s^9 + 256s^{10} + 1280s^{11} + 6144s^{12}\\ +2867s^{13} + 131063s^{14} + \cdots\end{aligned}$$

上式中的各个系数，直到 6144，和简单估计 (3.1) 所得到的结果一致。从 s^{13} 项起才出现偏离，这是因为在长度为 13 的串 *gcctaggcctagg* 中，缺失 7 串 *gcctagg* 靠首尾重复的字母 g 而出现了两次。这是在用数学归纳法求得公式 (3.1) 时没有考虑的情形。

一般说来，字的排列组合学中的关键问题，就是考虑各个单字的前、后缀可能发生重复。Goulden–Jackson 集团展开方法是处理这类问题的强大工具。

5.4 集团的权重函数：闪烁古生球菌

下面，我们再以闪烁古生球菌为例，给出一部分中间结果，以便读者检验自己的独立计算过程。首先，用阿凡提算法求出这个基因组在 $K=7$ 时首次缺失以下 4 个短字：

$$B = \{cactagt, gcgcgcg, gcactag, cgcgcgc\}.$$

它们导致以下 4 阶线性方程组：

$$\begin{pmatrix} 1 & 0 & 0 & 0 \\ 0 & p & s^6 & q \\ s & s^6 & 1+s^6 & 0 \\ s^6 & q & s^5 & p \end{pmatrix}\begin{pmatrix} x_1 \\ x_2 \\ x_3 \\ x_4 \end{pmatrix} = \begin{pmatrix} -s^7 \\ -s^7 \\ -s^7 \\ -s^7 \end{pmatrix}. \tag{5.8}$$

为了简化后面的书写，这里引入了与前一节类似的符号：

$$\begin{aligned} p &= 1 + s^2 + s^4 + s^6, \\ q &= s + s^3 + s^5. \end{aligned} \tag{5.9}$$

方程组 (5.8) 的解是[1]：

$$\begin{aligned}
x_1 &= -s^7, \\
x_2 &= \frac{-s^7 + s^8 - s^9 + s^{10} - s^{11} + s^{12} - 2s^{13} - s^{15} - s^{17} - 2s^{20} - s^{22} - s^{24}}{1 + s^2 + s^4 + 2s^6 + 2s^8 + 2s^{10} + 2s^{12} + s^{14} + s^{16}}, \\
x_3 &= \frac{-s^7 + s^8 - s^9 + s^{10} - s^{11} + s^{12} + 2s^{20} + s^{22} + s^{24}}{1 + s^2 + s^4 + 2s^6 + 2s^8 + 2s^{10} + 2s^{12} + s^{14} + s^{16}}, \\
x_4 &= -\frac{-s^7 + s^8 - s^9 + s^{10} - s^{11} + 2s^{12} - 2s^{13} + s^{14} + s^{16} - 2s^{19} + s^{21} + s^{23}}{1 + s^2 + s^4 + 2s^6 + 2s^8 + 2s^{10} + 2s^{12} + s^{14} + s^{16}}.
\end{aligned} \tag{5.10}$$

只要把上面 4 个解加起来，就得到集团的权重函数

$$\text{weight}(\mathcal{C}) = x_1 + x_2 + x_3 + x_4.$$

于是，生成函数就是：

$$f(x) = \frac{1}{1 - 4s - \text{weight}(\mathcal{C})} \tag{5.11}$$

对更多细菌基因组的具体计算，可以参看陈国义的博士论文 [19]。

5.5 马尔可夫链

前面介绍的 Goulden–Jackson 集团展开，是一种考虑了字头、字尾重叠的严格计数方法，但是它并不适用于某些具体问题。例如，在一段 DNA 序列中观察到一定数目的特定字母串，它们的数目是少于还是多于预期？这是在基因组中寻找调控信号时经常遇到的问题。

首先，什么是“预期”？一条实际的 DNA 序列就是它自己，不可能用任何模型来产生。随机序列则可能有不同程度的逼近，可以用适当的模型来估算一些事件的预期频度。DNA 序列的某些性质可以用不同的随机模型做某种程度的逼近。这里要用到马尔可夫链和马尔可夫链上的一些构造。

[1] 感谢涂育松博士协助核对计算结果。

我们先介绍一下马尔可夫链的概念[2]。马尔可夫链是一种离散时间的随机过程。假设有一个物理系统可能处于四种状态，这些状态用字母 a、c、g 和 t 代表。状态的集合记为 S，$S=\{a,c,g,t\}$。在时刻 n 系统处于状态 $i\in S$ 的概率是 $p_i(n)$，这里离散的时刻取值 $0,1,2,\cdots$。时刻 n 处于状态 c 的系统，下一个时刻 $n+1$ 可以转移到另外某个字母代表的状态，或者保持状态 c 不变。因此，系统在两个时刻之间的状态变化由一个转移矩阵描述：

$$p_{ij}=\begin{pmatrix} p_{aa} & p_{ac} & p_{ag} & p_{at} \\ p_{ca} & p_{cc} & p_{cg} & p_{ct} \\ p_{ga} & p_{gc} & p_{gg} & p_{gt} \\ p_{ta} & p_{tc} & p_{tg} & p_{tt} \end{pmatrix}. \tag{5.12}$$

这里写出的转移矩阵 $P=\{p_{ij}\}$ 不依赖于时刻 n，任意两个相邻时刻之间的状态变化都由同样的一个矩阵描述。这是一种齐次的、稳恒的马尔可夫链。

用马尔可夫链逼近 DNA 序列时，把从左到右，即从 $5'$ 端到 $3'$ 端的空间顺序看做时刻变化。我们考虑一下这样的模型需要用多少个参数来刻画。首先，初始时刻或者说序列首字母的状态 p_i^0 是 4 个数，但系统必然处于状态之一。因此，归一条件 $\sum_{i=1}^4 p_i^0=1$ 使得独立的参数减少 1 个。转移矩阵 P 形式上有 $4\times4=16$ 个参数，但是它的每一列都要归一，因此剩下 $16-4=12$ 个参数。在实践中如果要用这样的马尔可夫链来描述一批 DNA 序列，必须从一部分序列中取得大量双核苷酸，即两个字母的组合；用它们的出现频度来逼近矩阵 (5.12) 中的元素。这里由双核苷酸频度定义了最简单的 1 阶马尔可夫链，它需要 15 个参数。

可以把双核苷酸推广成 K 个字母的寡核苷酸串。把一个 K 串看成由前面 $K-1$ 个字母代表的状态往最后一个字母代表的状态的转移。由这样的 K 串集合可以定义一个 $K-1$ 阶的马尔可夫链。仍然取 4 个字母的基本集合 S。我们考虑这个马尔可夫链需要多少个参数来刻画。首先，初始状态有 4^{K-1} 个，但系统必处于状态之一，因此独立的初始概率有 $4^{K-1}-1$ 个。其次，转移矩阵形式上有 $4^{K-1}\times4=4^K$ 个元素，但每列的归一条件去掉了 4^{K-1} 个数。因此，只需要确定 $3\times4^{K-1}$ 个数。参数总共有 4^K-1 个。

我们在前面第三章介绍几何分布时说过，在一个马尔可夫链中连续出现同一个字母的概率遵从几何分布。这很容易从状态转移图看出来。例如，考

[2] 马尔可夫 (A. A. Markov, 1856 – 1922) 是 19 世纪著名的俄国数学家切比雪夫 (P. L. Chebyshev, 1821 – 1894) 的学生。切比雪夫的另一位杰出弟子是对动力系统稳定性理论作出贡献的李雅普诺夫 (A. M. Lyapunov, 1857 – 1918)。

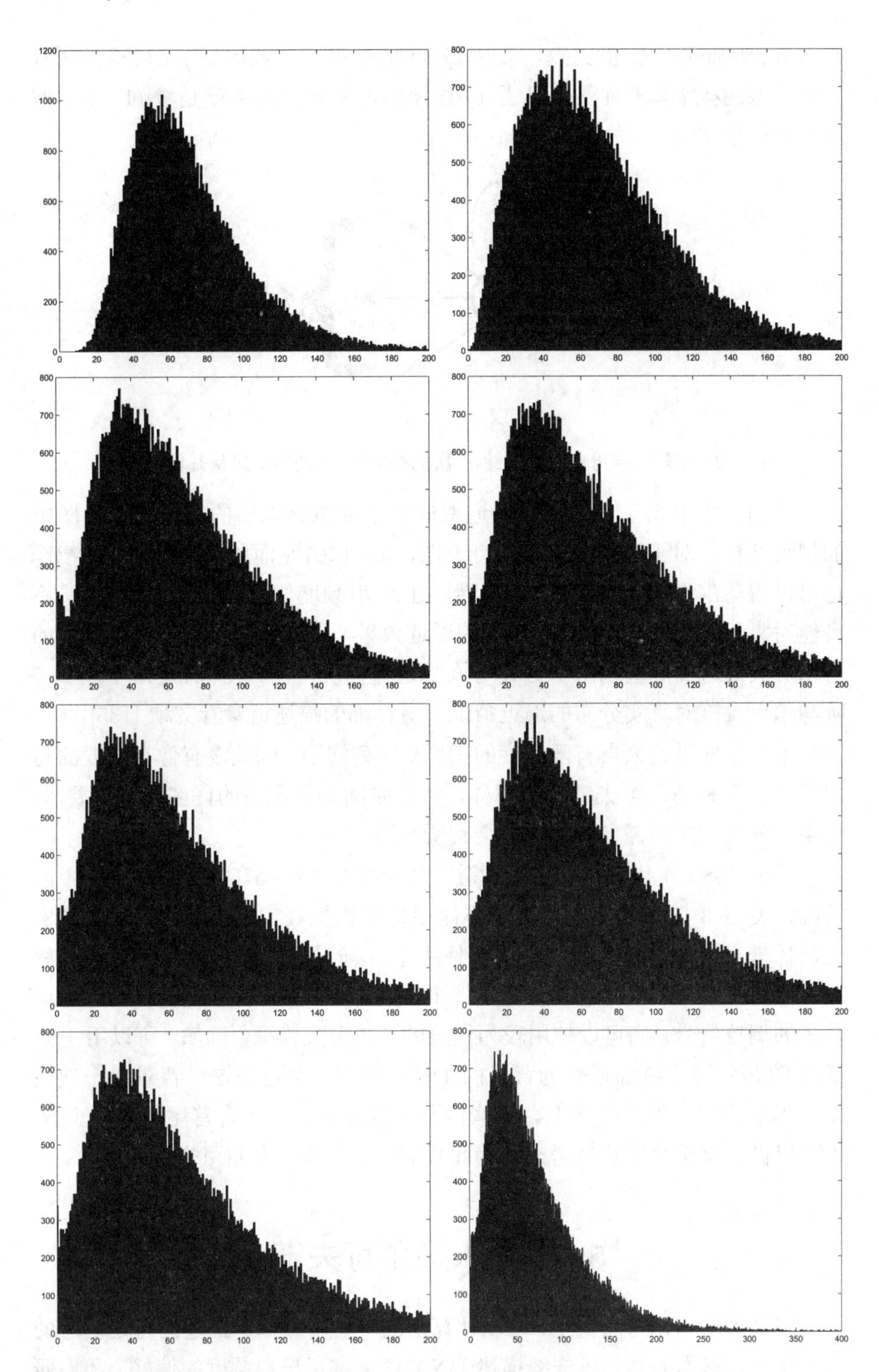

图 5.1: 由 $K=1$ 至 7 阶马尔可夫链逼近的大肠杆菌基因组中的 8 串直方图。左侧自上而下为 1、3、5、7 阶马尔可夫链；右侧自上而下是 2、4、6 阶马尔可夫链。右侧最下面是来自真实基因组的 8 串直方图。所有模拟的基因组都具有与真实数据相同的核苷酸含量。

察图 5.2所画代表 Q 的结点。设从 Q 回到 Q 的转移概率是 p，转移到所有其他状态的概率就是 $1-p$。于是 Q 连续出现 n 次的概率就是 $p^n(1-p)$，即遵从几何分布。

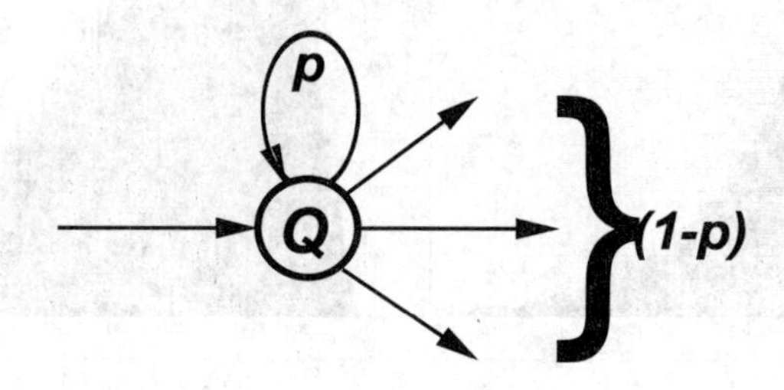

图 5.2: 在随机字母集合中连续 n 次抽得字母 Q 的概率遵从几何分布。

我们在本书第三章里用泊松近似研究了随机化以后的基因组直方图中的精细结构。对于没有随机化的直方图，如图 3.1左面所示 $K=8$ 的情形，也可以用马尔可夫链来做逼近。当然，由 K 串频度估算出的马尔可夫链，不可能对大于 K 的串数分布有更好的逼近效果。谢惠民仔细研究过不同阶的马尔可夫链对实际基因组中 8 串分布的逼近情况 [135]。图 5.1是从 1 阶到 7 阶马尔可夫链对真实分布的逼近情况。更详细的描述请参看文献 [135]。

本书主要讨论来自有限长度的 DNA 序列问题，因此没有像在一般的马尔可夫过程和马尔可夫链理论那样，考虑时间趋于无穷的许多性质和要求。如果那样做，对所需参数的估计会有所不同。

早在 1980 年代，人们已经知道，如果要寻找编码在长 DNA 序列中的基因，使用 3 阶以下马尔可夫链不能很好地模拟真实的细菌基因组。事实上，后来发展的许多找基因程序都使用了 5 阶马尔可夫链来描绘 DNA 序列。我们在第七章里再继续讨论这件事。然而，如果不寻找基因，而是考察较短的调控信号，则可以使用较为低阶的马尔可夫模型。例如，可以用 1 阶或 2 阶马尔可夫链逼近作为背景的 DNA 序列，考察在这一背景上一次或多次出现特定短信号的概率。这些信号可以包含或不包含首尾短串的重叠，也可以做忽略重叠的近似考虑。为此我们要引入嵌入马尔可夫链的概念。

5.6 嵌入马尔可夫链

在基本的马尔可夫链上，可以计算由同一套转移概率描述的特定信号的出现概率。基本的马尔可夫链描述 DNA 序列字母出现频度的偏好，我们研究在这样的背景上出现特定字母串 (信号) 的概率及其他统计特征量。特定字母串本身允许若干个首尾字母的重叠。这套技术称为嵌入马尔可夫链。作为背景的 DNA 序列可以是单个字母以各自的概率独立出现的伯努利过程 (这是 0 阶的马尔可夫链，简记为 M_0 模型)，也可以是包含了短程关联的 m 阶马尔可夫链 (M_m 模型)。我们用郑伟谋与合作者的论文 [103, 145] 中的一个简单实例，说明所涉及的基本概念。

为简单起见，考虑字母集 $\Sigma = \{0, 1\}$ 上的 M_0 模型。设字母 0 出现的概率是 p_0，而字母 1 出现的概率是 p_1。考察特定的字母串 $X = 11011$，它的首尾可能有 1 个或 2 个字母的重叠，形成 110111011、11011011 或更长的集团。在表 5.2中，我们把 X 的前缀从长到短排列起来，并赋以序号，作为与 X 相联系的状态。表中最后一行的状态 0 不是 X 的前缀，而是字母集 Σ 中除了 1 以外的另一个字母。

表 5.2中序号为 4 和 5 的两个状态和它们的概率 p_1 和 p_0，就是作为背景 DNA 的 M_0 模型。序号为 0 到 4 的状态，描述导致特定字母串 X 这样的事件。我们并没有引入新的马尔可夫模型，而只是在原有模型里挑选出特定事件。这就是嵌入马尔可夫链。

表 5.2: X 的子序列所代表的状态转移

序号	状态子序列	右面补 1 得后态 (序号)	右面补 0 得后态 (序号)	前态 (序号)
0	11011	11(3)	110(2)	(1)
1	1101	11011(0)	0(5)	(2)
2	110	1101(1)	0(5)	(0, 3)
3	11	11(3)	110(2)	(0, 3, 4)
4	1	11(3)	0(5)	(5)
5	0	1(4)	0(5)	(1, 2, 4, 5)

根据表 5.2中每个状态的 2 个后继状态,画出各个状态之间的转移图 5.3。

对转移图 5.3中的每一个状态，回溯它的前一个状态。这就是表 5.2最后一列给出的“前态 (序号)”。转移图是一个有向图，可以根据它写出一个连接矩阵 $T = \{t_{ij}\}$：凡是从状态 i 有一个箭头指向状态 j，就令 $t_{ij} = 1$；所有其他的矩阵元都等于 0。(5.13) 式定义的 T 就是对应图 5.3的连接矩阵。

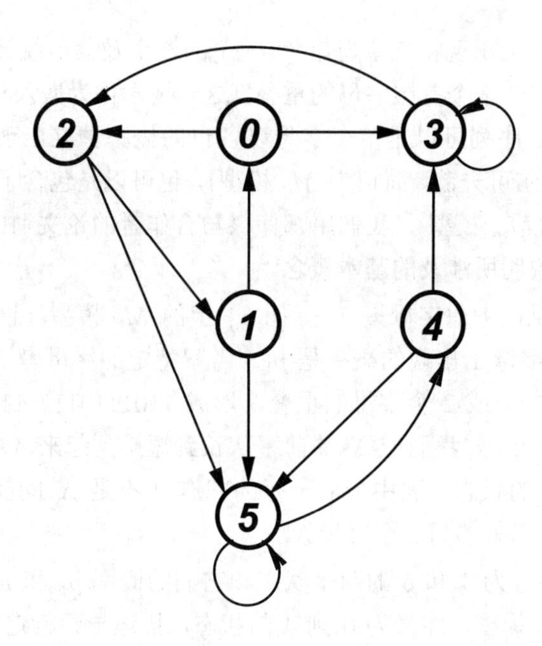

图 5.3: 对应表 5.2的 M_0 模型状态转移图。

$$t_{ij} = \left\{ \begin{array}{cccccc} 0 & 0 & 1 & 1 & 0 & 0 \\ 1 & 0 & 0 & 0 & 0 & 1 \\ 0 & 1 & 0 & 0 & 0 & 1 \\ 0 & 0 & 1 & 1 & 0 & 0 \\ 0 & 0 & 0 & 1 & 0 & 1 \\ 0 & 0 & 0 & 0 & 1 & 1 \end{array} \right\}. \tag{5.13}$$

矩阵 (5.13) 的 36 个元素中，有 12 个是 1，其余都是 0。把那 12 个等于 1 的元素按第二个下标排起来，共分成 6 组：

$$\{t_{10}\}, \quad \{t_{21}\}, \quad \{t_{02}, t_{32}\}, \quad \{t_{03}, t_{33}, t_{43}\}, \quad \{t_{54}\}, \quad \{t_{15}, t_{25}, t_{45}, t_{55}\}. \tag{5.14}$$

这 6 组对应表 5.2最后一列从上到下排列的 6 个“前态”。

假定在长度为 l 的序列中已经出现了 n 个 X 的集团，而 l 的最右面是状态 i 的串。只有当 $i=0$ 时，长度为 l 的序列中的 n 个 X 集团，恰好来自长度为 $l-1$ 的、包含着 $n-1$ 个集团的序列，其最后的状态 i 由于 $t_{i0}=1$ 而导致新增一个集团。我们用 $P(n,l,i)$ 代表长度为 l 的序列包含 n 个 X 集团而序列的最右面是状态 i 的概率。刚才的讨论表明：

$$P(n,l,0)=\sum_i \mu_0 t_{i0} P(n-1,l-1,i). \tag{5.15}$$

这里的 μ_0 或下面式子里的 μ_j，是状态 j 最后一个字母的概率，即 p_0 或 p_1。

对于 $P(n,l,j)$，$j\neq 0$，集团的数目 n 不因为序列长度从 $l-1$ 变到 l 而增加。这时有以下递归关系成立：

$$P(n,l,j)=\sum_i \mu_j t_{ij} P(n,l-1,i),\quad j\neq 0. \tag{5.16}$$

递归关系 (5.15) 和 (5.16) 的初始条件是 $P(0,1,4)=p_0$、$P(0,1,5)=p_1$，而所有其他 $P(n,1,k)=0$。

原则上可以从这些概率计算各种统计特征量。进一步的计算涉及较多的细节，我们建议感兴趣的读者参阅郑伟谋的论文 [103, 145] 及其引文。

第六章　可因式化语言的应用

我们在这一章里将说明，前面用组合学中的 Goulden–Jackson 集团展开方法得到的冗余缺失字串的精确数目，还可以借助形式语言学的方法得到。首先要解释一下语言学。

6.1　统计语言学和代数语言学

这本书所涉及的语言，不是一般大学语文专业的内容。我们也不讨论所谓统计语言学，例如把一本文学作品或某一位作家的全部作品中使用过的字，按其出现频度定义秩序 (rank)，然后按秩序统计字数得到的 Zipf 分布律。我们所关心的代数语言学，在更大程度上源于计算机的发展，是理论计算机学的一部分。

上世纪 50 年代计算技术的进展，使得直接使用二进制 (或八进制、十六进制) 编码的程序设计，发展成通过汇编语言、宏汇编语言、乃至 ALGOL、FORTRAN 等编译语言来设计和编写程序。这就提出来一个原则性的问题：如何判断根据一定语法写出的程序，能否在特定的计算机上执行。会不会发生程序过于复杂，使得计算机无法运行的情况？这是语言和计算机的复杂性分类问题。这个问题由麻省理工学院的教授乔姆斯基 (Noam Chomsky, 1928 –) 在 1950 年代中期解决了。它同时导致了形式语言学的蓬勃发展。

所谓形式语言学，不同于人类的自然语言或生物学揭示的遗传语言。它可以由明确的规则来定义，并且可以从这些规则推导出许多性质。其实，形式语言运用得当时，可以给出实用的计算框架和导致具体结果的分析工具。本章将给出一些实例。我们在第九章还要回到形式语言。

6.2 形式语言概要

关于形式语言学及其应用的专著很多。初学者可以参考 [66] 一书，此书初版比后来的修订版更容易阅读。读者还可以参看谢惠民的中文和英文专著 [132, 134][1]。如果想了解更为全局的知识，可以参阅三卷本的《形式语言学手册》[99]。

为了本书叙述需要，我们对形式语言的定义做简单介绍。

首先要给定一个有限字母集合 Σ，例如 $\Sigma = \{0, 1\}$，或者 $\Sigma = \{R, L\}$，或者

$$\Sigma = \{A, B, C, \cdots, X, Y, Z\},$$

等等。限定在由有限个字母组成的集合上，只是为了避免取无穷极限时可能遇到的一些细致问题，何况来自生物学的符号序列，本来只能是有限长度。本书讨论的重要实例，就是用 4 个字母的核苷酸字母集

$$\Sigma = \{a, c, g, t\}$$

或 20 个字母的氨基酸字母集

$$\Sigma = \{A, C, \cdots, W, Y\}$$

所能构造的语言。

取来由 Σ 中一切字母组成的长长短短的串。为严格起见，我们规定字串长度有限，但是可以很长。把所有这些串的集合记为 Σ^*，其中也包括不含任何字母的空串 ϵ。空串 ϵ 不包含任何符号，但是在形式语言中起重要作用。它相当于整数加法中的 0 或整数乘法中的 1。它的存在使形式语言成为代数学中的幺半群 (monoid)[105, 134]。

定义：Σ^* 的任何一个子集 L 称为一个语言，$L \subset \Sigma^*$。

集合 L 在 Σ^* 中的补集记做

$$L' = \Sigma^* - L \tag{6.1}$$

(这里的等式是集合之间的关系。) 根据定义，这是不出现在语言 L 中的字串的集合，或“不允许字” (inadmissible word) 的集合。我们把“禁止字” (forbidden word) 一词留给下节里将要介绍的可因式化语言，而不泛指所有 L 中的不允许字。

[1] 此书英文版不是中文版的简单翻译，而是包含着若干新内容。

从这样的一般定义出发，显然走不了多远。上述定义的关键，是如何界定子集 L。我们介绍两套最基本的定义形式语言的途径，即基于串行生成语法的乔姆斯基系统，和基于并行生成语法的林登梅耶系统或 L–系统。

6.3 乔姆斯基系统

乔姆斯基的办法是，在字母集 Σ 里面指定若干个初始字母和一批生成规则。每条生成规则规定把一个特定字母代换成另一个或多个字母的置换规则。把生成规则不断应用到初始字母和它们所产生的字母串上，所能够得到的一切字母串构成语言 L。乔姆斯基证明，这样用串行生成规则定义的语言，按照复杂性可以分成四个等级。我们不去叙述乔姆斯基层次的具体定义，只把最终结果表示在表 6.1中。

表 6.1: 语言和自动机的乔姆斯基阶梯

复杂性层次	名称	记号	对应自动机	对存储量要求
0	正规语言	RGL	有限状态自动机	有限
1	上下文无关语言	CFL	下推自动机	堆栈
2	上下文有关语言	CSL	线性有界自动机	正比于输入量
3	递归可数语言	REL	图灵机	无限

表 6.1给出语言复杂性的阶梯，它同时也对自动机的复杂性做出分类。

最简单的正规语言处于复杂性层次 0 级。它没有可以操作的存储器。

上下文无关语言是使用得最多的重要层次。事实上，人们熟悉的计算机语言，从 FORTRAN 到 C 和 C++ 都属于这个层次，相应的自动机就是当今普遍使用的电子计算机。或者说，大家日常用到的计算机都是下推自动机。这些计算机都必须配备具有“堆栈”结构的存储器。“堆栈”有许多其他名字，如下推区、后进先出区、先进后出区，等等。它像是一个长长的、只有一个出入口的仓库。第一件货物必须放到仓库最远的深处，然后一件一件向外堆放。最后放进去的货物，摆在最外面，因而在提取时最先拿到。

实际上，堆栈组织方式贯穿着现代计算机的许多层次。小到一个程序内部，当它调用一个函数时就会推出一个工作区，用以存放中间变量和计算结果。调用结束，就退出工作区；如果调用没有结束时要再调用一个函数，那就继续往下推出新的工作区。这样就出现“下推深度”和“堆栈溢出”这些概念。大到操作系统调度下的多用户环境。如果没有用户，系统就在 0 层次等待。一旦有用户登录，系统就为此推出一个工作空间。

生物学里有许多属于上下文无关复杂性层次的对象，正好适宜用计算机处理。例如，不含伪扭结 (pseudoknot) 的 RNA 二级结构、亲缘关系的树图结构、基因结构中原件的括弧匹配规则 (如图 7.1所示)，等等。树图和表结构等价，是计算机科学中熟知的事实。不过，缺少这一知识的演化生物学家们不得不“重新发明轮子”。1980 年代，他们在一座名为 Newick 的小咖啡馆里商定，用表结构来彼此交换亲缘树的计算结果。这就是亲缘关系学中.nwk 格式的来源。

上下文有关语言在动力学里有不少实例。但是符号动力学所对应的语言往往会跳过上下文无关的层次，直接变成上下文有关。可以参看谢惠民的专著 [134] 和郝柏林、郑伟谋 [58] 一书的第八章。在生物学里，我们还没有用到过上下文有关语言的实例。

6.4 林登梅耶系统

1968 年发育生物学家林登梅耶 (A. Lindenmayer, 1925 – 1989) 在显微镜下观察项圈藻属里的串珠藻 (*Anabaena catenula*) 的生长过程。这种藻类的小细胞 b 具有“左”、“右”两种极性，林登梅耶把它们分别记为 b_l 和 b_r。小细胞 b 长成大细胞 a 后，在极性所指的方向分裂出一个小细胞，把自己的极性传给这个小细胞，同时原有的极性反向。林登梅耶把这些关系写成

$$P = \left\{ \begin{array}{lcr} b_r & \to & a_r, \\ a_r & \to & a_l b_r, \\ b_l & \to & a_l, \\ a_l & \to & a_r b_l. \end{array} \right\} \tag{6.2}$$

林登梅耶和他的数学家朋友们指出，他们实际上定义了一套新的语言。字母集合是 $\Sigma = \{a_l, a_r, b_l, b_r\}$，指定初始字母集合如 $\omega = a_r$，加上 (6.2) 式所定义的生成法则 P，就定义了一个语法 $G = (\Sigma, P, \omega)$。相应的语言是：

$$L(G) \subset \Sigma^*. \tag{6.3}$$

林登梅耶系统或 L–系统，不同于乔姆斯基系统之处，在于使用了并行的生成法则。它也导致比乔姆斯基系统更细一些的语言层次。我们不深入细节，只介绍几个文献中可能遇到的记号。**0L** 是非确定性的、没有相互作用

(上下文无关) 的语言；**D0L** 是确定性的、没有相互作用 (上下文无关) 的语言；**IL** 是非确定性的、相互作用 (上下文有关) 的语言；**T0L** 是带有生成法则表的语言，**T** 是多套生成法则的表；**TIL** 是相应的带有生成法则表的语言；**E0L** 是扩展到包含非终结符号的语言 (终结和非终结符号原来只是乔姆斯基系统中的概念，后来被推广到 *L*–系统)；**ET0L** 是带有生成法则表并扩展到非终结符号的语言。最后，*L*–系统和乔姆斯基系统的最高层次是相同的，即 **EIL≡ REL**。

我们使用上述缩写和表 6.1中引入的记号，把林登梅耶系统和乔姆斯基系统的关系示于图 6.1中。图中还有个别前面没有提到的语言，如 **IND** 代表索引语言 (indexed language)。

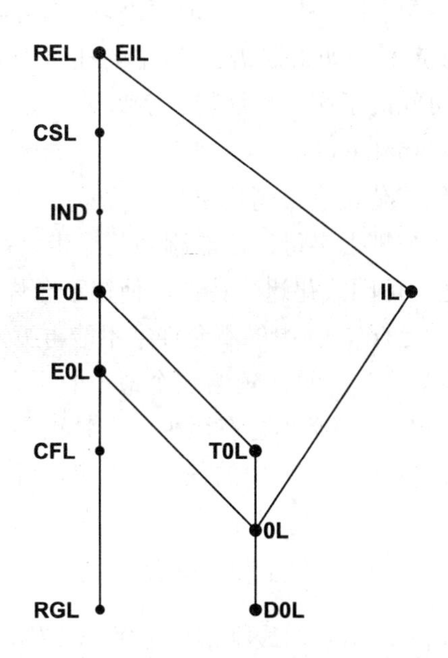

图 6.1: 林登梅耶系统和乔姆斯基系统的关系。

林登梅耶系统同分形几何学有重要关系。许多分形对象可以借助简单的 *L*–系统语法规则在计算机屏幕上生成出来。20 世纪 80 年代的这一发现 (例如可参看文献 [110])，使得用计算机图形模拟草本植物的外形和生长，达到足以乱真的高明程度。阅读一部讲述植物分形之美的专著 [93]，除了艺术享受，还会引发关于宏观与微观一致性的哲学遐想。

在结束对林登梅耶和乔姆斯基两大语言系统的介绍之前，我们简单地提一下形式语言的模糊化问题。形式语言的定义使用了集合论关系，因此也容易在模糊集合上定义模糊语言。乔姆斯基系统的模糊化早就有人做过。L–系统的模糊化则是喻祖国博士实现的 [140]。不过这些推广都嫌过于形式。为了真正用于实际的生物问题，需要有模糊而又适当定量的推广。

在语法规则中引入随机因素，是另一种发展方向。**T0L** 语言表 **T** 中的多套生成规则，可以做随机性的取舍。随机的正规语言，已经用于 RNA 二级结构的预测。随机的上下文无关语法，同我们在第七章 7.6节里要提到的隐马尔可夫模型有密切关系。

6.5 可因式化语言

我们在本书中主要使用一种简单的形式语言，它可以离开乔姆斯基或林登梅耶的框架来直接定义。如果取语言 L 中的任何一个字 $x \in L$，把它分解 (因式化) 成各种可能的子字，而这些子字都属于 L，则 L 是一个可因式化语言 (factorizable language)。

设 L 是一个可因式化语言，考虑它的不允许字集合 L' 中的一个字 y。从 y 的头部或尾部逐个删去字母，可能删到某一步后剩下的子字就成为 L 中的允许字。换言之，可因式化这一特性，使得不允许字集合 L' 里出现一个最小禁止字集合 $L'' \subset L'$，其中的不允许字不能再缩短，否则就成为允许字。我们把“禁止字集合”一词，留给这个最小的不允许字集合 L''。任何不允许字集合 L' 里的字，都必须含有至少一个禁止字。反过来说，在禁止字集合 L'' 里的字的前后加上 Σ^* 中的任意字母串，就可以生成整个不允许字的集合 L'：

$$L' = \Sigma^* L'' \Sigma^* = \Sigma^* - L, \tag{6.4}$$

或者说，可因式化语言 L 由它的最小禁止字集合 L'' 决定：

$$L = \Sigma^* - L' = \Sigma^* - \Sigma^* L'' \Sigma^*. \tag{6.5}$$

当年 Wolfram 用语法复杂性理论来分析元胞自动机时，曾把最小禁止字称做“特别排除块” (Distinct Excluded Block 或 DEB)[127]。

为了从 L' 计算 L''，我们需要在形式语言理论中定义的、作用在任意语言 M 上的两个算子 $\mathcal{MIN}$ 和 $\mathcal{R}$：

$$\begin{aligned} \mathcal{MIN} &= \{x \in M | x\text{的真前缀都不在}M\text{中}\}, \\ \mathcal{R} &= \{x | x^{\mathcal{R}} \in M\}, \end{aligned} \tag{6.6}$$

其中 $x^{\mathcal{R}}$ 是 x 的镜像，即把字串 x 倒过来得到的字串。于是我们有：

$$L'' = \mathcal{R} \circ \mathcal{MIN} \circ \mathcal{R} \circ \mathcal{MIN}(L'). \tag{6.7}$$

为了理解公式 (6.7)，可以考虑一个不允许字 $x \in L'$。从最前面开始考察 x，直到遇见一个禁止字 $v \in L''$。我们可以写 $x = uvz$，其中 v 是 uv 中唯一的禁止字，而 z 代表 x 中遇到禁止字 v 以后的其余部分。事实上，z 可以是任何一个 $w \in \Sigma^*$，而 uvw 代表 L' 的任意成员。

不过在实践中并不经常需要借助 (6.7) 式来进行计算，特别是已知禁止字集合 L'' 的情形。这时可以根据 (6.5) 式，直接由 L'' 来决定 L。

6.6 冗余缺失串数目的形式语言解

我们回到熟悉的实例：产水菌基因组中冗余缺失短串的精确数目。虽然存在着比 $K = 7$ 更长的缺失短串，我们暂时先把那 4 个 $K = 7$ 的缺失串组成的集合 B[见第五章 (5.5) 式]，作为可因式化语言 L 的最小禁止字集合 L''。由于 B 是有限的，B 所决定的是一个正规语言。为了构造一个接受 L 的自动机，我们必须知道所有 Σ^* 相对于 L 的等价类。我们主要依据谢惠民的专著 [134] 所叙述的数学框架，还可以参考郝柏林和谢惠民合作的综述文章 [54]。

设 L 是一个可因式化语言，L'' 是它的最小禁止字集合。定义

$$V = \{v | v\text{是某些}y \in L''\text{的真前缀}\}.$$

对于语言中的每一个字 $x \in L$，存在着一个等价于 x 的串 $v \in V$，或者用我们的记法就是 xR_Lv。换言之，所有 Σ^* 相对于 L 的等价类都在集合 V 中有代表。因此，为了找到所有 Σ^* 相对于 L 的等价类，只需要考虑 L''。我们顺便指出，$[\epsilon]$ 总是一个等价类，而补集 L' 是另一个等价类。

我们从 B 中列举的缺失字串的真后缀，得到以下集合

$$\begin{aligned} V = \{&g, gc, gcg, gcgc, gcgcg, gcgcgc, c, cg, cgc, cgcg, \\ &cgcgc, cgcgcg, t, tg, tgc, tgcg, tgcgc, tgcgcg\}. \end{aligned}$$

检查所有这些字串的等价性以后，我们从上列 18 个串中保留 13 个作为各个等价类的代表。加上等价类 $[L'] \subset \Sigma^*$ 之后，我们得到 Σ^* 的以下 14 个等价类：

$$[\epsilon],\ [g],\ [gc],\ [gcg],\ [gcgc],\ [gcgcg],\ [gcgcgc],$$

$$[c], [cg], [cgc], [cgcg], [cgcgc], [cgcgcg], [L'].$$

初看之下，上面“检查所有这些字串的等价性”是一条无法实现的要求，因为“对于每个 $z \in \Sigma^*$”涉及一个无穷集合。然而，只要实际做一下，就可以发现这可以很有效地实现。

把每一个等价类作为一个状态，我们可以定义如下的转移函数：

$$\delta([x_i], s) = [x_i s] \quad 对于 x_i \in V 和 s \in \Sigma.$$

因此，我们需要做的就是把 $[x_i s]$ 同某一个已经存在的等价类对应起来。这个离散的转移函数列举在表 6.2中。表里面有一条特殊的函数关系 $\delta([x_i], s) = [L']$，它进入没有出路的“死胡同”，即代表语言 L 的不允许字集合 L' 的状态。

表 6.2: 产水菌四个 $K = 7$ 缺失串所决定的最小确定性自动机的转移函数

$[x_i]\backslash s$	a	c	g	t
$[\epsilon]$	$[c]$	$[c]$	$[g]$	$[c]$
$[g]$	$[c]$	$[gc]$	$[g]$	$[c]$
$[gc]$	$[\epsilon]$	$[c]$	$[gcg]$	$[c]$
$[gcg]$	$[\epsilon]$	$[gcgc]$	$[g]$	$[c]$
$[gcgc]$	$[\epsilon]$	$[c]$	$[gcgcg]$	$[c]$
$[gcgcg]$	$[\epsilon]$	$[gcgcgc]$	$[g]$	$[c]$
$[gcgcgc]$	$[L']$	$[c]$	$[L']$	$[c]$
$[c]$	$[\epsilon]$	$[c]$	$[cg]$	$[c]$
$[cg]$	$[\epsilon]$	$[cgc]$	$[g]$	$[c]$
$[cgc]$	$[\epsilon]$	$[c]$	$[cgcg]$	$[c]$
$[cgcg]$	$[\epsilon]$	$[cgcgc]$	$[g]$	$[c]$
$[cgcgc]$	$[\epsilon]$	$[c]$	$[cgcgcg]$	$[c]$
$[cgcgcg]$	$[\epsilon]$	$[L']$	$[g]$	$[c]$

根据上述转移函数，可以画出来一个最小确定性自动机，见下一页的图 6.2。

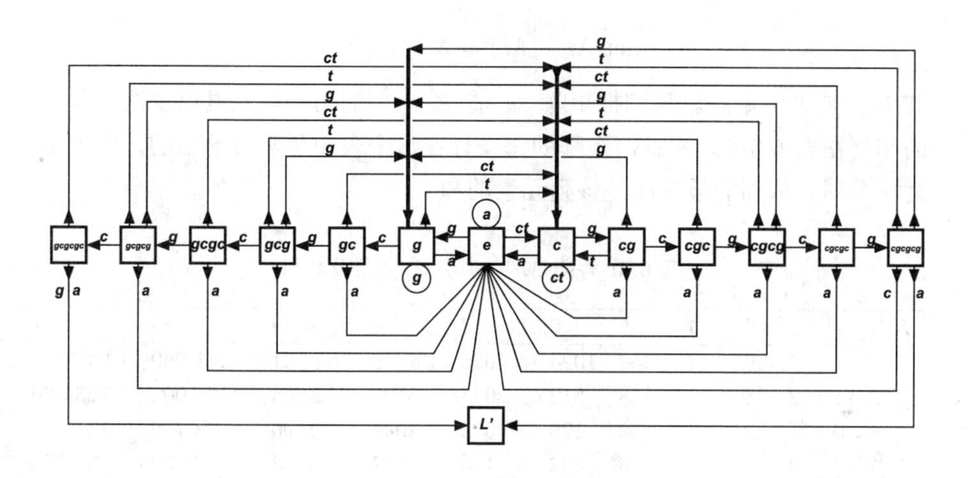

图 6.2: 由产水菌的四个 $K=7$ 的真正缺失串所决定的最小确定性自动机。

图 6.2不再是一个平面图。图中有 13 个可以继续转移的状态和一个没有出路的死状态。考察图 6.2，查出从每一个状态连接到另一个状态的连线数目，得到如下的连接矩阵:

$$
M=\begin{bmatrix}
1 & 1 & & & & & & 2 & & & & & \\
1 & 1 & 1 & & & & & 1 & & & & & \\
1 & & & 1 & & & & 2 & & & & & \\
1 & 1 & & & 1 & & & 1 & & & & & \\
1 & & & & & 1 & & 2 & & & & & \\
1 & 1 & & & & & 1 & 1 & & & & & \\
 & & & & & & & 2 & & & & & \\
1 & & & & & & & 2 & 1 & & & & \\
1 & 1 & & & & & & 1 & & 1 & & & \\
1 & & & & & & & 2 & & & 1 & & \\
1 & 1 & & & & & & 1 & & & & 1 & \\
1 & & & & & & & 2 & & & & & 1 \\
1 & 1 & & & & & & 1 & & & & &
\end{bmatrix}.
$$

为了建立同生成函数 (4.7) 的联系，我们注意到矩阵 M 的特征多项式

与生成函数 $f(s)$ 有如下关系：

$$\det(\lambda I - M) = \lambda^{13} f(1/\lambda),$$

其中 I 是单位矩阵。我们把矩阵 M 的 K 次幂的第一行元素以及这些元素的和列在表 6.3中。注意，矩阵的每一行在这个表中是竖着给出的，即表示为一个列。每列的最下面是该列元素的和。

表 6.3: 矩阵 M^K 的第一行元素及其和

$K=$	1	2	3	4	5	6	7	8	9	10	11
	1	4	16	64	256	1024	4095	16 378	65 501	261 960	1 047 664
	1	2	8	32	128	512	2048	8190	32 765	131 002	523 920
	0	1	2	8	32	128	512	2048	8190	32 756	131 002
	0	0	1	2	8	32	128	512	2048	8190	32 756
	0	0	0	1	2	8	32	128	512	2048	8190
	0	0	0	0	1	2	8	32	128	512	2048
	0	0	0	0	0	1	2	8	32	128	512
	2	7	28	112	448	1792	7168	28 665	114 640	458 483	1 833 624
	0	2	7	28	112	448	1792	7168	28 665	114 640	458 483
	0	0	2	7	28	112	448	1792	7168	28 665	114 640
	0	0	0	2	7	28	112	448	1792	7168	38 665
	0	0	0	0	2	7	28	112	448	1792	7168
	0	0	0	0	0	2	7	28	112	448	1792
Sum:	4	16	64	256	1024	4096	16 380	65 509	261 992	1 047 792	4 190 464
							−4	−27	−152	−784	−3840

矩阵 M 的 K 次幂，即矩阵 M^K 的第一行元素之和就是 a_K:

$$a_K = \sum_{j=1}^{13} (M^K)_{1j},$$

式中的求和是对除了 L' 以外的所有等价类进行的。这个重要关系是 Wolfram 在 1984 年指出的 [127]。

表 6.3最后一行中的负数乃是 a_K 与 4^K 之差。它们恰好就是第五章5.2节中 (5.6) 式给出的

$$\frac{1}{1-4s} - f(s),$$

而那是用 Goulden–Jackson 集团展开方法算出来的。我们还看到，对于这个组合学问题，转移函数和连接矩阵包含着比生成函数更多的信息。这里的内涵还没有被完全发掘出来。

最后，为了避免误解，我们应当指出在产水菌基因组里还有许多比 7 长的真正缺失字母串。上面的最小有限状态自动机 (6.2) 只基于 $K=7$ 的四个缺失串。事实上，这个自动机还接受比 $L(G)$ 更大的许多语言。原则上，我们可以计入更多更长的缺失串，构建比 (6.2) 更复杂的自动机，它接受更小一些的语言，但 $L(G)$ 并不是包含在其中的唯一语言。由于我们的目的是计算那四个长度为 7 的真正缺失串会带走多少更长的冗余缺失串，上面的计算也就够了。如果把越来越长的真正缺失字串都考虑进来，自动机的构造当然会变得更复杂。

第七章　在基因组中寻找基因

从一个生物细胞提取的 DNA，经扩增、测序和拼接，得到比较长的段落以后，就可以从中寻找或者说“预测”基因。细菌基因组较小，基因结构也比较简单。从 1980 年代开始，人们就着手发展在细菌 DNA 序列中预测基因的方法和程序。现在这套技术已经比较成熟，还有一些可供自由下载或免费使用的网站或流水线。

真核生物的基因结构相对复杂，而且物种特异性较强。虽然人类基因组计划大为促进了寻找基因的工作，但整个领域仍然很不成熟。寻找基因的程序可以分成两大类：靠与转录组数据中发现的基因比较或者同相近物种的已知基因对比，或者“从头找起”。即使“从头找起”(*de novo* 或 *ab initio*)，也同物理学中的“从头算起”相差甚远。它们都要依靠实验数据来拟合模型中的大量参数。这个过程也叫做对模型进行“训练”。

笔者和苏州大学数学系谢惠民、中国科学院理论物理研究所郑伟谋一起，同一批年轻人合作，在我国的籼稻基因组测序计划 [138, 139] 中，承担了编写找基因程序的任务。这个名为 BGF(Beijing Gene-Finder) 的程序 [78]，曾经是在水稻基因组里寻找基因的最好软件，还被训练成在家蚕基因组中寻找基因的工具。这是一项工程性的任务，目标就是找到基因。本书这一章扼要介绍编写 BGF 过程中所遇到的一些数学概念和方法。本章的主要参考资料是伯奇 (Chris Burge) 详细描述 GenScan 程序的博士论文 [13]，以及谢惠民为华大基因 BGF 工作组编写的讲义 [133]。

首先要较为详细地讲解一下训练数据。

7.1　cDNA 和训练数据集

一个生物细胞会根据生长发育阶段和生存环境的要求，不断把 DNA 中的基因段落转录成 mRNA，进行加工之后送到核糖体里面去翻译成蛋白质。

这就是我们在前面已经提到过的基因信息的“表达”。加工的重要内容，是从编码蛋白质的序列中剪切掉若干将来不翻译成氨基酸的段落 (内含子)，把剩下的将来要翻译成蛋白质的段落 (外显子) 连接起来。有些病毒会产生叫做逆转录酶的蛋白质，把加工后的 RNA 重新变成 DNA。相对于原来 DNA 中的基因段落，这是剪去了内含子的更为紧致的、首尾明确的序列，特称为互补脱氧核糖核酸 (complementary DNA，简称 cDNA)。不同组织、不同发育阶段里表达的基因有所不同。可以从水稻的根、茎、叶、花等各种组织中把已经加工过的 mRNA 提取出来, 再逆转录成 cDNA。

从大量 cDNA 的集合可以提取出很多重要的蛋白质信息。在人类基因组计划酝酿时期，就有过一种主张，说不必耗时费力地进行大规模测序，只要搜集 cDNA 就够了。无论如何，实验室中提取的 cDNA 是研究基因结构的重要原始资料。如果在基因组测序过程中已经拼接出比较长的 DNA 序列，就可以尝试把已知的 cDNA 套回去，确定那些被剪切掉的内含子，同时分离出原来被内含子隔开的外显子。还可以搜集大量真实的启动密码子、终止密码子和剪切位点附近的段落，作为在未知序列中查找这些信号的参照。

即使没有全长的 cDNA 集合，只有它们的部分残缺片段，也具有一定的参考意义。毕竟它们代表着某些表达了的基因。在早期工作中，这些被称为“表达的序列标志”(expressed sequence tag，简称 EST)，也是重要的参考数据。我国水稻基因组测序计划实施初期，有少数学者手握一定数量的水稻 EST 数据，不愿提供参考；基因组测序完成前夕，又不得不匆忙把这些即将失去价值的数据提交给国际核苷酸数据库，勉充成果。

日本科学家们曾经下工夫提取过水稻的 cDNA。虽然他们的对象是水稻的粳稻亚种 (*Oryza sativa* L. ssp. *japonica*)，而我们的研究对象是籼稻亚种 (*Oryza sativa* L. ssp. *indica*)，但对于如此接近的亚种，cDNA 数据库对研究两者都很有用处。顺便说一句，东汉之初，许慎 (约公元 58 – 147 年) 所著的我国第一部字典《说文解字》(公元 121 年成书) 里，就明确描写了籼、粳两种水稻的性状。我国水稻研究的早期开拓者、新中国第一任中国农业科学院院长丁颖 (1888 – 1964) 就曾经把籼稻命名为中华亚种 (ssp. *sinica*)。在那个中国学者没有国际话语权的时代，西方学者把这两个亚种分别命名为日本亚种和印度亚种。

日本学者在 2003 年建立和发表了简称 KOME 的水稻全长 cDNA 数据库 [114]，当时收有 28 469 条 cDNA，年底前又扩充到 32 000 多条。这个数据库对于我们研制 BGF 程序起了重要作用，是建立训练数据集和设计检验数据集的重要依据。

7.2 真核生物的基因结构

只有知道了基因的结构，才谈得上在由 4 种字母组成的长长的 DNA 序列中寻找基因。我们用图 7.1来概括分子生物学家们许多年研究积累起来的基因结构知识。图中使用了 3 种不同的括号来代表各种“信号”。这些括号遵从基本的配对规则，不允许发生语法冲突。我们要多次利用这幅示意图来解释基因中的各种信号与片段的意义。

$$5' - \{\ [\ (\ \cdot\ )\ (\ \cdot\ )\ \ \cdots\ (\ \cdot\ )\ ]\ \} - 3'$$

图 7.1: 真核生物的一个基因结构示意 (图中符号的意义在正文中解释)。

7.2.1 “点”信号

有些信号含有少数几个字母组成的标志，有的没有标志。由于所占宽度不大，我们一律称之为“点”信号。图 7.1中单个符号代表着一定的“点”信号，我们首先说明它们的意义：

1. 左花括号“{”代表转录起点，它位于基因前面启动子调控序列的下游。转录起点没有明确的标记，只能根据一些启动子信号如所谓 *tata* 盒子 (*tata* 或 *tataat*) 的有无做粗略判断。
2. 右花括号“}”代表转录终点，它位于基因后面由多个字母 *a* 组成的 Poly-A 段落的上游，也没有明确标志。
3. 左方括号“[”代表翻译起点。对于绝大多数真核生物，它对应唯一的开始密码子 *ctg*，因此真核生物的多数蛋白质序列，其第一个氨基酸是字母 *M* 代表的甲硫氨酸。在一条随机的序列里 *ctg* 出现的概率是 1/64。在原核生物的基因组里，开始密码子可能不止 *ctg* 这一种；我们在这本书里不讨论这个问题。

4. 右方括号“]”代表翻译终点。这就是 3 个终止密码子 *tag*、*tga* 和 *taa* 之一。在一条随机序列中出现任何一个特定终止密码子的概率是 1/64，而遇到任意终止密码子的概率是 3/64。

5. 左圆括号“(”代表一个内含子的起点，它也是外显子的剪切终点。它通常由字母 *gt* 开始。但是这类由两个字母表示的信号太多了，在随机序列中出现的概率为 1/16；因此序列中遇到的多数 *gt* 是假信号。

6. 右圆括号“)”代表一个外显子的终点，它也是内含子的剪切起点。它通常由字母 *ag* 打头。这样由两个字母表示的信号太多，在随机序列中出现的概率是 1/16；因此多数 *ag* 是假信号。

7. 一对圆括号之间的圆点“·”代表内含子里一个更弱的信号，称为分支点 (branching point)，它通常含有一个字母 *a*，其左右字母都不确定。

处理点信号时可能遇到一些技术细节。没有解决过实际问题的新手，往往想不到这些事。基因组测序并不总是干干净净地给出 *a*、*c*、*g* 和 *t* 四种字母。有些不能判定的字母，例如 M(*a* 或 *c*)、S(*g* 或 *c*)、W(*a* 或 *t*)、N(任意字母)，也会出现在序列数据里。把它们随机地换成所代表的字母之一，要特别注意避免因此偶然制造出多余的终止密码子，导致大范围的偏差。

7.2.2 “片段”信号

每两个相邻“点”信号，标示出它们之间的一段核苷酸序列的片段。这可能是构成基因的某种成分。我们先来说明这些片段的名字和意义：

1. {···[是 5′ 端的非翻译区，这个片段虽然会被转录，但是并不会被翻译成氨基酸。

2.]···} 是 3′ 端的非翻译区，它虽然会被转录，但是并不会被翻译成氨基酸。

3. [······(之间是编码蛋白质的第一个外显子，这个基因至少还有一个内含子和一个外显子。

4. (······) 之间是一个内含子，它在转录以后要被剪切掉，并不参与编码蛋白质。

5.)······(之间是编码蛋白质的一个内部外显子。它们的数目可以从 0 个到多个。如果没有内部外显子，这是一个没有内含子的单外显子基因。每个物种中单外显子基因的数目有一定比例，要借助训练数据集来估计这个比例。

6. 对于没有内含子的单外显子基因，[······] 之间的段落就代表这个外显子，即整个蛋白质编码区。

7. }······{ 代表两个基因之间的区域。

搜索“片段”信号时还有一些技术性的限制。必须规定程序可能抓住的最短的内含子由几个字母组成，例如 6 个。还要设定程序可以处理的最长的外显子，例如由 6000 个核苷酸组成。这些限制来自对大量 cDNA 的分析；如果改变就会影响实际的计算量。它们决定了程序一定找不到的小内含子和大外显子。

7.3 “点”信号的统计描述

前一小节里我们列举了一批“点”信号。在一条 DNA 链上从 $5'$ 端往 $3'$ 端走，寻找可能出现在两条链上的基因。这时需要考虑信号出现在正向基因或反向“基因影子”里的可能性。一共有可能遇到 12 种包含标志字母串的“点”信号。它们是正链上的 agt(开始密码子)；gt、ag(剪切起点和终点)；taa、tga、tag(终止密码子)。还有反链上的 cat(开始密码子的影子)；ac、ct(剪切位点的影子)；tta、tca、cta(终止密码子的影子)。

在随机序列中就会遇到大量这样的“信号”，它们之中只有一小部分是真的。例如，在我们研究过的一个数据集合里，看到超过 33 000 个剪切起点“信号”gt，其中只有 620 个是真实信号。因此，绝不能仅仅凭借两个字母的标志来识别信号，而必须把标志上下游若干个字母都取来，构造一定的统计模型。

还是以剪切位点作为实例。当年伯奇为人类基因组编写寻找基因的 GenScan[13, 14, 15] 程序时，对剪切位点附近的核苷酸分布做过细致研究。在剪切起点附近最常出现的字母是

$$\cdots A_{64}G_{73}|G_{100}T_{100}A_{62}A_{68}G_{84}T_{63}\cdots$$

这里为了醒目把核苷酸名字换成了大写字母，G_{73} 表示该位置上出现 G 的概率是 73%。靠近剪切终点时，在连续经过 12 个嘧啶 (T 或 C) 之后，最常见的字母是

$$\cdots NC_{65}A_{100}G_{100}|N\cdots$$

这里 N 表示任何一个核苷酸字母。

上面两串字母中的 $G_{100}T_{100}$ 和 $A_{100}G_{100}$ 给出教科书里的 $GT - AG$ 剪切法则。不过，这只是最常见的剪切信号。在水稻基因组中，这样的标准信号占 98% 以上。

如果要实行更精细的描述，可以把实际信号宽度设定为 L，用 $4 \times L$ 的一个长条形的“权重矩阵”来代表信号字母的概率分布。这个矩阵每一列的 4 个位置是遇到 a、c、g 和 t 四个字母的概率，因此加起来是 1。在训练数据集合里搜集大量真信号，拟合出代表真信号的权重矩阵。还要搜集大批假信号，平均出来代表假信号背景的权重矩阵。在 GenScan 和 BGF 中都使用了宽度 $L = 10 \sim 20$ 的权重矩阵。实际寻找基因时，每遇到疑似信号，就要把附近的字母取来，同真假信号的权重矩阵比较，为其真假程度打分。

对于有短字母串标识的“点”信号，都要建立类似的统计模型和打分系统。对于没有固定标识的游动信号，如转录起点和转录终点，则要先找到一些启动子、poly-A 等片段，再根据离开它们的距离等等，做出判断。显然，这一切都要依靠从训练数据集合拟合出来的参数。

7.4　“片段”信号的马尔可夫链模型

分数高于一定阈值的“点”信号，勾画出一批可能的“片段”信号。首先要区分单外显子基因和多外显子基因；前者没有内含子，后者至少有一个内含子。每个真核物种基因组中，单外显子基因占一定比例；对于水稻，这个比例约为五分之一。对于外显子基因，要区分第一个、最后一个，以及中间的外显子，它们的统计模型可能略有差别。

假定一个片段是某种外显子或内含子以后，就要进一步判断这个假定像不像。这主要是片段长度和片段中所有字母的前后排列关系。从训练数据集合求得外显子和内含子的长度分布曲线，就可以推算当前面对的这个片段是否常见，给它一个分数。例如，太长或太短的外显子，都应当具有比较低的分数。

真核生物内含子的长度分布遵从“偏置的几何分布”[13, 14]。外显子的长度分布没有类似的规律，一般只有从实际训练数据中获取。

为候补的内含子或外显子的长度打分以后，就要考察当前这个片段中核苷酸的前后排列，像不像是基因中的相应片段。通常这要靠同训练数据拟合出的马尔可夫链进行比较。我们在第五章的 5.5节中已经介绍过马尔可夫链的概念。不同的 DNA 片段要用相应的马尔可夫链模型来逼近。

一段编码蛋白质的 DNA 序列，包含着代表氨基酸的三联码。从不同的字母开始划分，可以有三套"读框"。这是正链。反链上也可以有三套读框。这些读框中哪一套是正确的？如果确定了开始密码子，问题当然就解决了。然而在寻找基因的过程中，往往开始密码子同别的信号一样，相当晚才能确定。最好能从字母之间的相互关系，就对编码与否做出判断。

早在 1980 年代，人们就对当时已经积累的 DNA 序列中编码与非编码部分的差别，进行过研究。那时就知道三阶以内的马尔可夫链不足以反映 DNA 序列的特性。有研究表明，用双密码子即两个相连的密码子的分布，可以更好地区分序列中的编码和非编码段落。双密码子的宽度是 6 个核苷酸。从 DNA 序列中 $K=6$ 的短串频度出发，可以构造出 $K-1=5$ 阶的马尔可夫链。基因间序列和内含子序列字母排列较为随机，一般可以用 5 阶马尔可夫链来描述。

5 阶马尔可夫链有多少参数呢？我们在第五章的 5.5节里已经说过，它有 $4^6-1=4095$ 个参数。要从训练数据集合里取来比 4095 大很多倍的内含子序列，从中拟合出定义内含子马尔可夫链的参数。遇到真实的、可能是内含子的一段实际序列时，要根据这些马尔可夫链参数计算出它的概率。

外显子中的核苷酸编码组成蛋白质的氨基酸，每个密码子由 3 个核苷酸给出。$4^3=64$ 种三联码中有 3 个是翻译终止码，剩下的 61 个三联码编码 20 种氨基酸。只有两种氨基酸具有唯一的密码子 (甲硫氨酸 M 和色氨酸 W)，其他 18 种氨基酸都由两个以上密码子编码，有些氨基酸甚至有 4 个或 6 个密码子。因此，外显子中发生的许多突变并不影响翻译结果；密码子中的 3 个位置受到不同的"选择压力"。为了更好地反映三联码结构，要使用周期为 3 的 5 阶马尔可夫模型来刻画外显子。周期为 3 的马尔可夫模型就是为密码子的第一、第二和第三位各自构造一个 5 阶的马尔可夫链。为了确定所需参数，需要从训练集合中分别提取 3 套数据。

既然提到了密码子的数目，我们提一个问题：一个生物体的基因组是否必须包含所有 61 种密码子？如果不是，那至少要有多少种？在没有完全基因组序列之前，无法确切回答这个问题。由于 mRNA 上的密码子同 tRNA 上反密码子的配对，并不严格遵从 Watson–Crick 配对规则，早在 1966 年克里克就提出了一个"摆动假设" (wobble hypothesis)[22]：基因组中的 tRNA 可以少于 61 种。1986 年更有人具体分析了配对情况，提出了改进的摆动假设 [41]，预言基因组中的 tRNA 至少要有 46 种。

由于单个 tRNA 的长度只有 70 – 90 个核苷酸，而桑格测序的读段一般长于 500，基因组测序计划中积累了相当数目的读段后，就可以搜寻 tRNA 基因。我们在籼稻基因组测序计划接近完成时，专门分析了 tRNA 的数目和分布 [121, 122]。原来水稻基因组中的 tRNA 种类恰好有 46 种，符合改进的摆动假设所预言的最低数目。其他真核生物如人类、小鼠和拟南芥，基因组中 tRNA 基因的种类都略多于 46。

7.5 “点”信号和“片段”信号的组合

根据训练数据构造了所有的“点”信号和“片段”信号模型以后，对整个待查找基因的 DNA 序列进行扫描，把分数高于一定阈值的信号挑选出来。把这些信号按照基因结构的语法排列起来，通常会得到许多个候补的组合。我们借助图 7.2说明如何为一个合乎语法的组合计算总的分数。

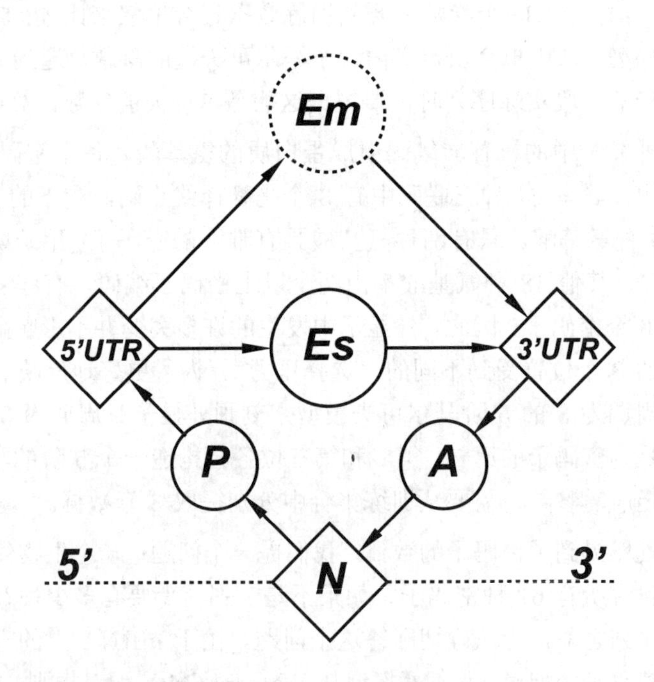

图 7.2: 在 DNA 单链上测试基因的主要流程：N 代表基因间区域，P 是启动子区域，A 是 Poly-A 区域，$5'UTR$ 和 $3'UTR$ 分别代表 5′ 端和 3′ 端不翻译区；Es 代表单 (single) 外显子；虚线圆圈标出的 Em 是多 (multi) 外显子区，正文中要另行讨论；最下面的水平虚线代表 DNA 序列的正链。

图 7.2显示了在 DNA 正链上的基因间区域 N 里，根据启动子信号 P 找到 $5'UTR$ 区，再根据翻译的开始密码子进入外显子。这时要看它是单外显子还是多外显子基因。单外显子 Es 的情形比较简单，遇到终止密码子就进入 $3'UTR$ 区，然后经过 Poly-A 片段回到基因间区域。把刚才经过的每个信号的分数乘起来，或者把各个分数的对数加起来，就得到总的分数。这样一条对应单外显子基因的路径一共经过 6 个状态。如果同时在反链上也要测试基因，那对于各种“影子”信号也有 6 个状态。可以把图 7.2对水平虚线反射到下面，同时把信号名字改成“影子”的名字。由于正反两个方向都共用一样的基因间状态 N，在正反两条链上都找寻基因的程序，要经过 11 个状态。细菌基因都只具有单外显子，也就是说它们没有内含子，在细菌基因组里寻找基因，使用 11 个状态的流程就够了。关于“状态”，我们在后面讲隐马尔可夫模型时再进一步解释。

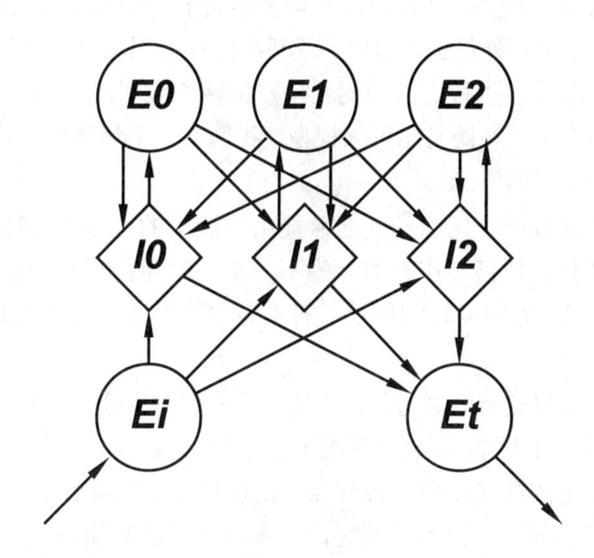

图 7.3: 多外显子情形下三种相位的内含子和外显子片段的可能衔接关系。内含子的相位是根据前面的外显子的最后一个密码子是否完整决定的。如果还需要 0、1 或 2 个字母才构成完整的密码子，那么紧随的内含子就定义成相位为 0、1 或 2，图中记为 $I0$，$I1$ 或 $I2$。Ei 是基因的第一个外显子，Et 是最后一个外显子。

图 7.2中用虚线圆圈标出的多外显子路径 Em，不是一个状态，而是如图 7.3所示由 8 个状态组成的复杂路径。这是因为在多外显子情形下，出现

了外显子和内含子的相位和匹配要求。

单外显子的基因，外显子中的字母数目一定是 3 的倍数，没有相位问题。对于多外显子的基因，每个外显子所含字母的数目不一定是 3 的倍数。如果紧随在一个外显子后面的内含子的第一字母相当于三联码的第 $i=0,1,2$ 个位置，那这个内含子就定义成相位为 i 的内含子，$i=0,1,2$，用符号记为 $I0$、$I1$ 或 $I2$。跟随在 $I0$、$I1$、$I2$ 后面的外显子，就命名为 $E0$、$E1$、$E2$，而不管它含有多少个字母。然而，各个外显子和内含子的总相位必须匹配，使得剪切之后剩下的字母数目是 3 的整数倍。对于寻找基因的程序，这是一些流程图中必须考虑的简单的算术要求和前后衔接关系。

7.6 隐马尔可夫模型

像图 7.2所显示的流程，实际上包含着两层马尔可夫模型。在序列的“片段”模型中，外显子、内含子或基因间片段用相应的马尔可夫模型逼近。流程图中的各个子块之间的变迁，是由转移概率决定的又一层马尔可夫模型。这实际上是一种隐马尔可夫模型。我们用一个最简单的赌博场景，解释隐马尔可夫模型的概念。

假定有一个庄家和几名赌徒用掷骰子的办法进行赌博。一个旁观者在桌边观察，他怀疑庄家的行为不老实，时而把真骰子偷换成灌了铅的假骰子。于是，旁观者仔细记录了骰子的点数序列，试图判断出何时真假骰子被替换。

这里果然有两层马尔可夫链。只要不发生偷换，真骰子或假骰子导致各自的马尔可夫链：用真骰子时 6 种点以等概率出现，而灌铅的骰子则按仅有庄家知道的方式扭曲了各种点的出现概率。庄家时而用高超手法偷换骰子，他使用假骰子的概率是固定的。真假骰子的轮流替换构成了一个赌徒和旁观者看不见的两个状态的马尔可夫链。人们看到的是骰子给出的点数序列，它是具体骰子决定的长短不同的 6 个状态的马尔可夫链。人们只看见后一种马尔可夫链的实现，却要从它判断是否发生了前一种马尔可夫链的状态转移。

回到我们的找基因流程图 7.2和 7.3。我们能看到的是用来和几种“片段”模型进行比较的真实的 DNA 序列，而我们要确定的是何时发生了不同片段的转移，即外显子、内含子和基因间序列的边界。前者是几种 5 阶的马尔可夫链，后者是由流程图描写的另一套隐藏在下面的马尔可夫链。

7.7 动态规划方法

在一条 DNA 序列上确定了一批局部“点”信号和范围较宽的“片段”信号，并为它们建立模型和打分之后，就要挑选出合乎基因语法的组合，通常这样的候补组合不止一种。这时就要采用动态规划算法，挑选出分数最高的最优组合，作为预测出的候补基因。

以下关于动态规划的介绍，基于谢惠民为华大基因 BGF 工作组编写的没有公开发表的讲义 [133]。

动态规划是贝尔曼 (R. E. Bellman, 1920 – 1984) 在 1950 年代提出的一套优化算法 [5, 6]。可以用一个简单的例子，说明它的算法和基本思想。

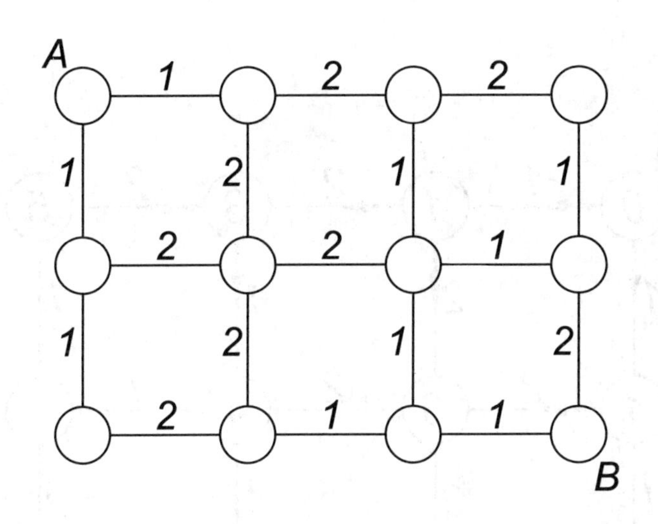

图 7.4: 动态规划简例：求 A 和 B 两点间的最节省路径。

图 7.4给出由 4×3 个结点组成的网络和结点之间的路径。每段路所需的“买路钱”标明在各条路径之上。要求找到从左上角 A 到达右下角 B 的最节省的走法。这里从每个结点出发，有向下和向右两种走法到达下一个临近结点。总的运输代价是所经过的各条路径的“买路钱”之和。

动态规划的第一步做法是嵌入，就是先寻求从 A 出发到达网格中每一个结点的最优路径，并且把最优路径的代价记入代表该结点的圆圈中。从结点 A 开始，在结点 A 的小圆圈中记入代价 0。然后从左到右，计算从 A 出发到达网格第一行其他各个结点的路径代价。根据只能向右走的约定，到达每个结点的路径是唯一的。我们用箭头标出所取的方向。

下一步，计算从 A 到第二行各个结点的最优路径。到最左面的第一个结点，只有一种走法；像前面一样用箭头做出标示，并且在圆圈中填入代价 1。对于第二个结点，可以从两个临近的结点到达，而且两种走法的累计代价都是 3；我们在这个结点的圆圈里填上 3，把两条同样可取的路径都用箭头标示出来。

现在用同样的办法计算从 A 到达第二行第三个结点的最优路径。这时出现了新现象：到达此点上面和左面两个结点的累计代价都是 3，但是从它们到达第三个结点的“买路钱”不一样。从上面下来的代价较低，我们选取这条路径并且用箭头把它标示出来，同时在第三结点的圆圈里填上累计代价 4。另一条代价较高的路径不用箭头做标示。到此为止的计算过程显示在图 7.5中。这在动态规划算法中称为**向前计算**。向前计算的最终结果显示在图 7.6中。

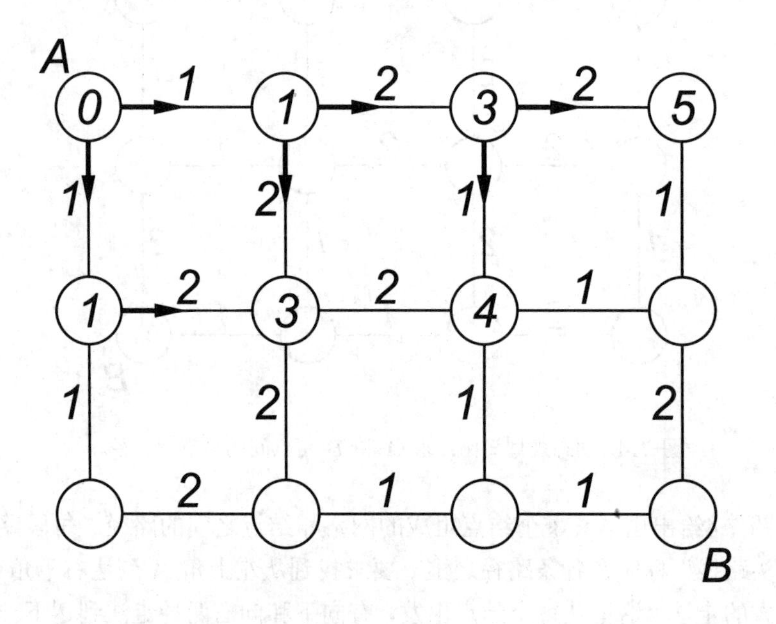

图 7.5: 动态规划简例：向前计算的一个中间状态。

我们看到，这时结点 B 的圆圈里已经标上了数字 6。因此，从 A 到 B 的所有路径中最低的累计代价就是 6。

现在进入动态规划算法的第二部分：**回溯计算或向后计算**。这就是从终点 B 出发，根据到达它的箭头，找出回到起点 A 的路径。在这个实例中，

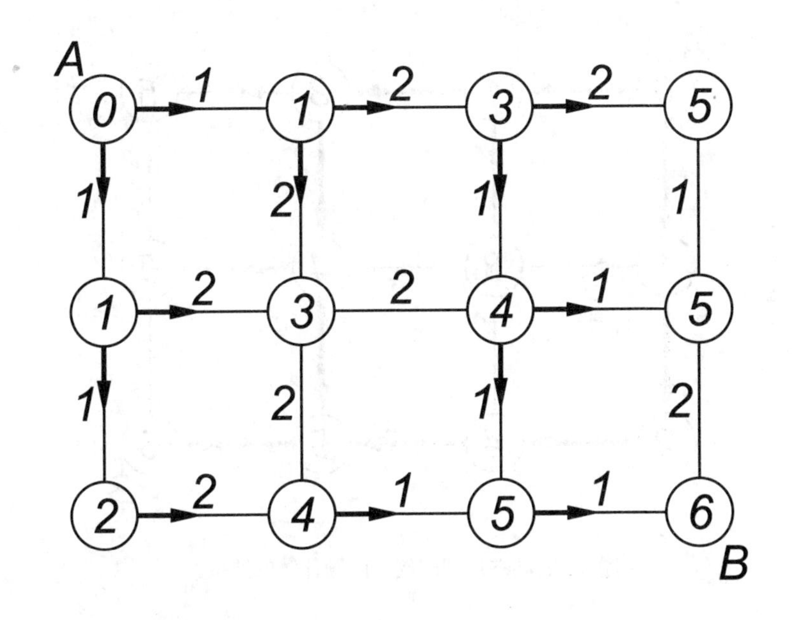

图 7.6: 动态规划简例：向前计算的结果。

有两条代价最低的最优路径。在图 7.7中这两条路径都用黑粗箭头标出。于是，所提问题已经完全解决。

现在我们来讨论动态规划的基本思想。动态规划的理论基础，是贝尔曼提出的最优化原理 [5, 6]。在图 7.4所代表的最优路径问题中，贝尔曼最优化原理可以表述成：在一定条件下，在从起点到终点的最优路径上任意取一个中间点，得到从这个中间点到终点的一段子路径，那这条子路径一定是从中间点到终点的最优路径。

实际上从图 7.4到图 7.7所示的计算过程，基于上述最优化原理的“对偶”形式：在一定条件下，在从起点到终点的最优路径上取任意一个中间点，得到从起点到这个中间点的一段子路径，那这条子路径一定是从起点到达这个中间点的最优路径。

如果采用贝尔曼最优化原理的原来形式，可以从终点 B 开始，计算出从每个结点到 B 的最优代价，然后从 A 开始回溯，得到最优路径。这两种对偶的算法，结果完全一样。我们主要采用上述示例中的先向前、再回溯的算法。

动态规划的主要优点在于：它对于许多问题是一种快速算法，它所得到

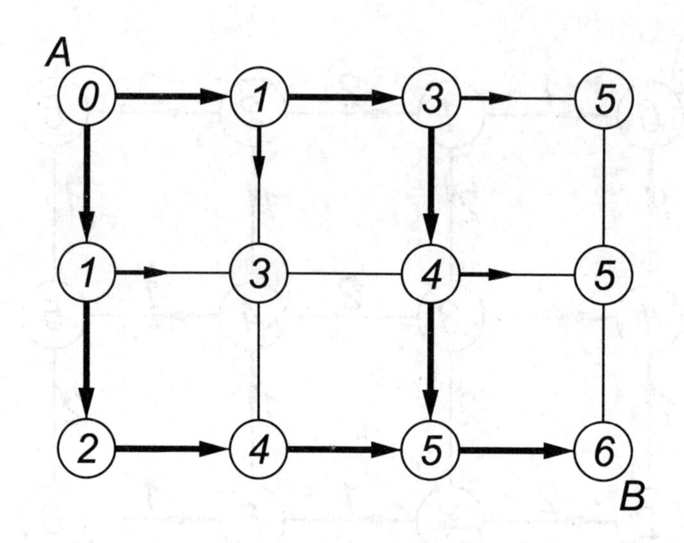

图 7.7: 动态规划简例：回溯计算的结果。

的最优解一定是全局最优解，它具有很大的灵活性，允许有许多变种。

7.8 找基因程序的局限和缺点

把以上几节的内容集成到一起，实现一个真正的在基因组序列中寻找基因的程序，是一项工程性很强的课题。华大基因在实现籼稻基因组测序任务过程中，组织了专门班子来做这件事。他们实现的 BGF(Beijing Gene-Finder) 程序，当时是各种可以用于水稻的找基因工具中的最佳者。

然而，包括 BGF 在内的许多找基因程序有不少共同的弱点。例如：

1. 它们只预测编码蛋白质的基因，而不管在基因组中占极大比例的各种 RNA 基因；这些基因虽然不编码蛋白质，但是也要转录和表达。
2. 它们所预测的蛋白质自然地偏向训练数据集合中用来定参数的基因。那些没有反映在训练集合中的低表达基因很容易被漏报。
3. 现在知道，真核生物的蛋白质多样性远大于基因的多样性。“一个基因，一种蛋白”是早已过时的概括。这是因为普遍存在着交替剪切。在动态规划意义下，交替剪切可能对应着次优的组合，而在一般动态规划的计算过程中被忽略。

4. 现有找基因程序都不预测和分析基因上游的调控区，以及内含子和基因间段落所可能包含的调控信号，因此它们都不能区分真假基因。
5. 由于程序中的参数设置，它们找不到太大或太小的内含子与外显子。改变参数设置，往往会得不偿失地增加运算量。
6. 基因组里如果有互相重叠的基因，例如正链上的一个基因同反链上的某个基因有交叠，现有程序一般不予处理。
7. 它们不考虑 *GT–AG* 法则以外的非标准剪切。对于水稻基因组，这就是放弃约 1.5% 的基因。
8. 有一批基因在 $5'$ 端和 $3'$ 端不翻译区里还存在参与剪切的段落，如图 7.8所示。计入这些信号和段落以后，27 态的隐马尔可夫模型就会成为 35 态模型。目前还没有报道过这样的找基因程序。

$$5' - \{\ (\ )\ [\ (\ \cdot\ )\ (\ \cdot\ )\ \ \cdots\ (\ \cdot\ )\ ]\ (\ )\ \} - 3'$$

图 7.8: 在 $5'$ 端和 $3'$ 端不翻译区里有剪切段落的基因结构；它导致 35 态的隐马尔可夫模型。

如果我们能够全面认识和模拟出从 DNA 转录、剪切到翻译、修饰的全过程，那就可以写出最好的找基因程序。本章所描述的计算机找基因的现状，说明我们离这样的目标还很远。另一方面，随着 DNA 测序成本的不断降低，生物组织中的基因组和转录组数据都在大量增加。把转录组数据套回基因组序列，可以得到许多基因结构的详细知识。这是对现有找基因程序不足之处的重要补充，也会推动找基因技术的进步。

第八章　从细菌基因组到亲缘关系

单细胞的细菌是我们这个星球上最成功的物种。它们已经在地球上繁衍生息了近 40 亿年。它们塑造了供其他生物生存和发展的环境。它们同真菌一起，实现着相当一部分地球物质的循环再利用。细菌也是地球上“辈分”最高的物种。大肠杆菌在顺利环境中每 30 分钟分裂一次，一昼夜繁殖 48 代；而我们的祖先从走出非洲，到现在不过 3000 代，一共只有 7 万到 10 万年。人类实在是很年轻的物种。

估计在地球上存活着 10^{30} 个细菌细胞 [126]。也就是说，地球的 2.9×10^{28} 克总质量，不管是否适于生活，平均每 1 克就有 100 个细菌。实际上，在生活条件较为适宜的水体或土壤中，每一毫升中就有多达 10^{10} 个细菌。细菌的总质量至少占生物总质量的一半。全球细菌的含碳量是 3500 亿 – 5500 亿吨，为植物含碳量的 60% – 100%。细菌含氮量为 850 亿 – 1300 亿吨，含磷量为 90 亿 – 140 亿吨，两者都达到植物的 10 倍。

我们每个人自身，就是一个与海量细菌共同生活的超级生物 [144]。人体细胞总数，只有约十分之一来自“人”细胞。我们从父母继承的基因只占体内基因总数的约百分之一，那居压倒多数的细胞和基因，都是细菌的贡献。然而，人类迄今对细菌的了解和认识，却很有限。

8.1　细菌的亲缘关系与分类

荷兰人列文虎克 (Antonie van Leeuwenhoek, 1632 – 1723；画像见图 8.1) 在 17 世纪首先用自制的显微镜观察到生活在各种环境里的细菌。从 1673 到 1723 年，在长达 50 年的时间里，列文虎克不断把带有素描的报告送到英国皇家学会，最终他本人也被选为会员。然而，直到 1770 年左右，人们才认识到这些在显微镜下活动的小物体，原来是一类生物。不过，细菌长期被当做植物来研究。林奈 (他把自己的姓名也用拉丁文拼写成 Carolus Linnaeus,

1707 – 1788) 建立生物分类体系时，也已经知道细菌的存在。我们只提醒一下，林奈建立的分类体系包括界、门、纲、目、科、属、种等层次，每个层次还可冠以“超”或“亚”字头，形成层层阶梯。有趣的是，林奈为某些微生物建立了一个名为“混沌” (*Chaos*) 的新属，可能是因为那时对细菌缺乏认识。本书作者从事了多年混沌动力学研究 [63]，在转入理论生命科学之后，又与林奈的“混沌”不期而遇。

图 8.1: 列文虎克的画像 [取自维基百科网站 (Wikipedia.org)]。

谈到分类系统，我们应当清醒地认识到，这是人类强加给生物的一套标签层次。细菌们才不管自己被分类到哪里，都继续繁衍生息着。然而，人们从研究得到的“谱系” (lineage)，应当尽量反映自然界里存在着的客观分野。“兽同足者俱行，鸟比翼者齐飞”，“种瓜得瓜，种豆得豆”，毕竟生物学研究是从分类开始的。

从林奈的时代开始，多细胞动植物的分类主要依靠形态学、解剖学和胚胎学特征，后来又增加了细胞学、生理学和生物化学的种种手段。对于细菌而言，这类特征极其贫乏。把所有显微镜下呈球状的细菌归为一类，能反映它们的共同性和差异性吗？然而与环境生态、健康医药等密切相关的细菌研究又必须有分类学的支撑。虽然从 19 世纪起，就有过各种版本的细菌手册，但 1923 年出版的《伯杰细菌鉴定手册》才真正开始了细菌分类的新时期。《手册》第一版 [7] 的副标题是“裂殖菌纲 (Schizomycetes) 生物的分类关键”：细菌们的分类地位已经从“属”上升到拥有一个“纲”。

伯杰 (David Bergey, 1860 – 1937) 当时是美国细菌分类学家协会的主席。他有远见在 1932 年建立了伯杰手册基金会 (Bergey's Manual Trust)，使得《手册》的发行得以延续不断。1994 年出版了《手册》第 9 版。《手册》一方面按分类列出鉴定结果，又在以后的多个版本里声明自己不是分类系统的参照。然而，在 1980 年代，终于启动了以分类为内容的《伯杰系统细菌学手册》第 1 版，并在 1989 年出齐全部 4 卷。进入 21 世纪，《鉴定手册》并无新版，《系统手册》则发行了第 2 版。从 2001 到 2012 年，历时 12 年，出版了 5 卷 8 大册 [8]，计 8600 多页。这是经典细菌分类学的登峰收官之举。伯杰手册基金会已经宣布，今后将只发行电子版。这是基因组时代必然的发展趋势。《伯杰系统细菌学手册》第 2 版列举了 2 个古菌门和 26 个 (真) 细菌门。

细菌分类学在 20 世纪的另一重大进展，是建立了为细菌命名的国际规则。其实，在 20 世纪初，细菌的名目比今天要多。人们很难弄清楚，许多不同的名字是否代表着同一种细菌。到 1990 年代初才最终确立的《国际细菌规则》[77]，规定了发表一个细菌名字以及更高层分类单元名称的条件，其中包括要把分离和培养出的活体标本，送交两个以上国际培养中心，以及在具有“资质”的国际刊物上发表描述文章。目前最有资质的出版物是《国际微生物系统和演化杂志》(*International Journal of Systematic and Evolutionary Microbiology*，简称 IJSEM)，它在 1999 年以前叫做《国际细菌分类学杂志》。当前发表在这个杂志上的文章，大约 40% 来自中、日、韩科学家。

然而，提供培养活体和按一定模式发表描述，这两条要求都带来了问题。现在知道，人类学会了如何分离和培养的细菌，绝对少于细菌总种数的 1%。许多生物和医学实验室，因为自己的需要进行着细菌基因组测序。在提取了所要信息之后，就把数据存放起来，并没有时间、精力和分类学基础去撰写描述文章。而且单细胞测序等新技术，允许对不会培养的菌种进行测序。细菌分类学界为不能培养的菌株的命名做出限制，它们必须戴上 Candidatus 这个拉丁文帽子，不能作为新种、新属发表，等等。目前新测序的基因组，戴着 Candidatus 帽子的越来越多。

这真为细菌亲缘关系和分类系统的研究，同时带来了机遇和挑战。《伯杰系统细菌学手册》当前的总负责人，美国佐治亚州立大学的魏特曼 (Williams

B. Whitman) 教授专门著文分析形势和指明出路 [125]。魏特曼指出，现在存在着重新回到 20 世纪初混乱状态的危险，文献中可能会充斥着意义不明的各种名称。解决问题的出路，在于基因组学和基因组测序。随着测序成本不断降低，基于基因组数据的描述完全可以满足《国际细菌规则》的要求。将来新菌种的描述，应当伴随着基因组数据。

我们对于这样的发展前景，有着更为深广的认识。实验室里培养的活体，可能变异、死亡或丢失。从实际菌株测得的基因组却是可以长期保存、无限分享的数字档案。惯于同活体打交道的生物学家们，必须适应形势发展。这是数字文明时代的不可抗拒的大潮。

这里的关键是要有高效可靠、便于一般生物学家使用的工具，让亲缘关系和分类地位都成为例行的基因组分析的副产品。我们在这一章里，就是要介绍一种这样的工具：复旦大学理论生命科学研究中心磨剑十年发展的 CVTree 方法。不过，还必须先介绍一点历史背景。

8.2 达尔文演化理论和“生命之树”

1859 是人类文明史上很特殊的一年。这一年物理学家基尔霍夫 (G. R. Kirchhoff, 1824 – 1887) 发现了第一个黑体辐射定律，这个定律不能从经典物理学推导出来，它最终导致了量子物理学的诞生。这一年马克思在《政治经济学批判》这本小书里，初次表述了以后总结在三卷《资本论》里的基本观点。然而，具有最深远历史影响的大事，则是达尔文在这一年初版的经典著作《物种起源》。在这本书临近结束处，达尔文写了一句话：“…… 可能在地球上曾经生活过的所有生物，都是生命第一次开始呼吸时的那个原始形态的后代。”《物种起源》这本书里只有一幅插图，见图 8.2。达尔文借助几个树枝的生长和分叉，讲述一个大的“属”内的生物，如何分化出许多新的物种。这样的树以后被称为“生命之树”。

达尔文发表《物种起源》这部经典著作的年代，正值英法帝国主义对中国进行第二次鸦片战争。极少数对世界形势有所知晓的中国知识分子，也根本无暇注意达尔文演化论思想的伟大意义。1894 甲午海战前一年，有着“达尔文的斗犬”名声的赫胥黎 (Thomas Huxley，1825 – 1895) 在英国出版了《演化与伦理》一书。

一个名叫严复[1]的年轻人，在 1877 – 1879 年被清政府派往英国学习造

[1] 严复，1854 – 1921, 1905 年协助马相伯创立复旦大学，1912 年曾短暂担任北京大学校长。

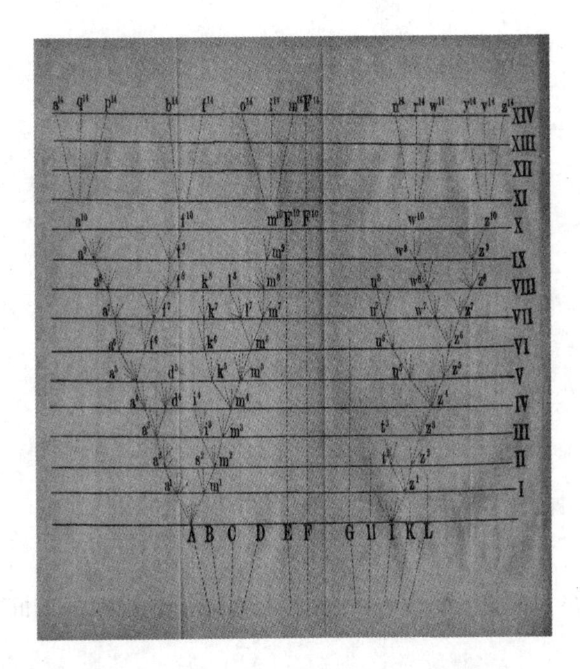

图 8.2: 达尔文《物种起源》一书中唯一的插图，取自马君武汉译本，上海中华书局 1922 年第 4 版。

船和海军。他当时接触过一点达尔文的演化理论。严复回国后在福建的马尾海校教书，免于在黄海海战中牺牲。有感于甲午战败和为寻求救国之道，严复开始翻译赫胥黎的著作，并把译本命名为《天演论》。事实上，他只翻译了原书中的几章，但是增加了不少自己的评论和感想。严复的《天演论》出版于 1897 年，而达尔文《物种起源》的中文译本 20 多年之后才在上海问世。

1911 年孙中山领导的革命党人推翻了满清王朝。孙中山任命的中华民国临时政府实业部，有一位 30 岁的副部长马君武[2]。马君武早在追随孙先生流亡日本时期，就翻译出版过《物种起源》中的几章。马译全本 1920 年由上海中华书局分 4 册出版。此后 16 年里，此书重印 12 次。可见达尔文的演化论在中国受到的重视，远远超出科学界。中国的仁人志士抓住“物竞天择，适者生存”的思想，以期振聋发聩，唤起民众，拯救祖国。然而，演化论却被一些人替换成并不符合达尔文原意、又容易引起误解的“进化论”。本书将坚持使用“演化”一词。

自然界的生物演化过程已经淹没在历史长河中，人们必须根据现有的

[2] 马君武，1881 – 1940，复旦大学的前身震旦公学的校友，1913 年在德国柏林获得工学博士学位，1928 年创建广西大学。

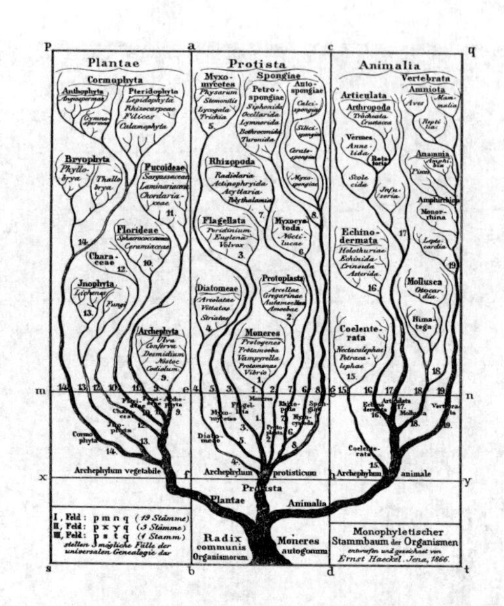

图 8.3: 海克尔在 1866 年绘制的一棵生命之树，树的三个主枝上标着植物、原生生物和动物。

事实和化石记录，重构“生命之树”，来说明从一个共同祖先如何繁衍出今日遍布全球的形形色色的物种。早在 19 世纪下半叶，德国博物学家海克尔 (Ernst Haeckel, 1834 – 1919) 就着手绘制生命之树。图 8.3是海克尔在 1866 年绘制的一棵生命之树。也是这位海克尔使用了亲缘关系学 (phylogeny，也译作系统发生学) 这个词来称呼这个研究方向。最初的亲缘关系学同分类学一样，依靠形态和生理、生化特征来求同辨异。比起多细胞的动植物，细菌的各类特征相对稀少。因此，细菌亲缘关系和分类系统的研究也长期滞后。

1965 年 Zuckerkandl 和 Pauling[147] 提出了一个影响深远的思想：组成蛋白质的氨基酸序列不仅与生物功能密切相关，而且还保留着生物演化的部分记录。一个古老物种分化成不同的后代，某个原始蛋白质可能有些氨基酸被替换或增删，但仍然承担着大同小异的类似功能。这些就是同源蛋白。比较大量同源蛋白的字母序列，可能追溯出最接近原始序列的字母排列，以及它演变成各种当前序列的中间过程。追溯过程依赖于序列的联配 (alignment) 和一定的演化模型。序列联配是生物信息学的重要手段之一 (可以参看郝柏林和张淑誉撰写的《生物信息学手册》[64] 里的简介和引文)。从蛋白质或核苷酸序列提取物种的亲缘关系，已经成为分子亲缘关系学 (也有人称为“系统发生学”) 的主要内容。这方面有大量专著可以参考，例如文献 [82] 和 [88]。我们都不再赘述。

8.3 基于 16S rRNA 序列的细菌演化和分类研究

从同源蛋白序列重构亲缘关系，对于多细胞动植物做得相当成功，其结果也得到化石记录的支持。然而由于细菌的多样性，很难找到一切细菌所共有的同源蛋白。因此，细菌亲缘关系的研究长期停滞不前。直到 1970 年代末，美国伊利诺伊大学的沃斯[3](Carl R. Woese, 1928 – 2012) 与合作者们建议比较不同细菌的 16S rRNA 序列 [29]，来判断它们的亲缘远近；细菌亲缘关系和分类系统的研究，才开始突飞猛进。

这里先说明一下 16S rRNA 序列。同真核细胞类似，细菌细胞里也有大量制造蛋白质的“工厂”——核糖体。每个核糖体由大小两个亚基组成，每个亚基都是 RNA 序列和一批蛋白质组成的复合体。大亚基里面有 23S 和 5S 两种 RNA，而小亚基里面是 16S RNA。这里的 S 称为 Svedberg[4]单位，是一个并不准确但是已经摆脱不了的计量单位，用来比较大的分子集团或颗粒的质量。在超速离心机里，质量为 m 的集团受到的离心力是 $m(1-\alpha\rho)\omega^2r$，这里 α 是分子集团的比容，ρ 是水溶液密度，ω 是旋转角速度，r 是到旋转轴的距离。离心力与摩擦力 kv 平衡时，沉降速度 v 可以算出来。通常取沉降速度和角加速度之比 v/ω^2r 做尺度，称为若干 S。S 的真正量纲是秒，$1\text{S} = 10^{-13}$ s。如果所有分子集团的比容 α 都一样，S 就比例于 m。但生物大分子和细胞器等恰恰不是这样。因此，23S 比 16S 大，16S 比 5S 大，但并不呈简单的比例关系。

为维持生命活动正常运行，核糖体必然比较保守。16S rRNA 是长约 1540 个字母的核糖核酸序列，它具有几个变异较多的段落和一些相当保守的部分。字母一成不变的保守部分不包含有用信息，变异段落才可能用于提取演化信息。细菌和古菌的 16S rRNA 序列可变段落中分别有 742 和 741 个包含信息的位点，其中 4 个字母都可能出现的位点有 430 个 [84]。基于 16S rRNA 序列的分析，导致了微生物亲缘关系和分类系统的重大进展，以致《伯杰系统细菌学手册》第 2 版尽可能使分类系统与比较核糖体小亚基 RNA 所得结果一致。不过这样一来，亲缘关系和分类系统在 16S rRNA 序列分析的基础上合二为一，使得二者不能互相检验，而必须寻求独立于 16S rRNA 分析以外的途径。

16S rRNA 序列分析也有自己的弱点。虽然在自然界还没有发现核糖体

[3] 这位沃斯在大学本科先学物理，后转生物。物理学思维反映在他的一些文章里。

[4] Theodor Svedberg, 1884 – 1971, 瑞典化学家，因为对胶体的研究和发明超速离心机而获得 1926 年度诺贝尔化学奖。

RNA 的横向转移，但是在实验室里已经做到 [2]，把一种细菌的核糖体 RNA 全部替换成来自另一种细菌的 RNA。因此，横向转移仍然是一种可能存在的问题。更有甚者，16S rRNA 序列分析在种和亚种以下的层次缺乏分辨能力 [30, 111, 137]。事实上，许多细菌亚种具有完全相同的 RNA，但它们的确是不同的菌株。

然而，日益增多的细菌基因组提供了崭新的研究道路。

8.4 基于细菌基因组的组分矢量方法

早在人类基因组计划热火朝天的 1998 年，细菌学家沃斯就清醒地指出：基因组测序的时代已经到来，基因组学将成为微生物学未来的中心。目前看起来，人类基因组似乎是基因组测序的第一目的和主要焦点；但是要谨防受骗。从长远看，真正的回报来自微生物基因组学 [128]。

在沃斯发表上述意见之后 17 年，细菌基因组的测序计划已经超过 6 万个，数据可供下载的基因组数目超过 3 万，而具有良好注释的基因组超过 7700。日新月异的统计数字，可以随时从 GOLD 数据库 [36] 获得。从基因组出发寻求细菌亲缘关系和构建分类系统，已经成为现实可行的事情。

从完全基因组出发可以避免因选择某些基因或蛋白质所导致的偏差，还可以省去搜集同源蛋白所需的工作量与不确定性。对于从单个或少数蛋白质出发的研究，基因的横向传递是一种"噩梦"。一旦错选了来自横向传递的蛋白质做出发点，所得结果会完全失真。把整个基因组都取作输入数据时，基因的横向传递以及与谱系相关的基因丢失，只是基因组演化的一种机制，同任何其他导致基因组变化的因素一样，没有特别意义。更有甚者，横向传递比较多地发生在生活在同一个生态环境里的物种之间；研究表明，远缘物种之间的横向传递也比较少。因此，基因的横向传递反而可能有助于算法把相近的物种聚到一起。

然而，从基因组出发的研究必须不依靠序列联配。这首先是因为细菌基因组的多样性。小小的流感嗜血菌的基因组，只有 58 万个碱基对和 475 个基因，我们还没有提到那些高度退化的细菌内共生菌的基因组。目前已经测过序的最大的基因组，来自纤维堆囊菌 (*Sorangium cellulosum*) 的一个菌株，它的 DNA 由 1400 万个碱基对组成，编码近 1 万个基因。如何联配尺寸相差这般悬殊的两个基因组或它们的蛋白质产物呢？必须寻求不用序列联配 (alignment-free) 的方法。

序列联配的算法依赖于许多参数。两个不同的氨基酸，由于物理化学性质的差别，在发生变异时有不同的替换概率。因此比较蛋白质序列时，要用到氨基酸互相置换的“打分矩阵”。这个 20×20 的对称矩阵，包含 220 个从大量已知的同源蛋白序列拟合出来的参数。有时要在一个序列中留出一个缝隙，总的联配分数反而可以提高。但是，打开缝隙终归不好，要处以一定的“罚分”，延长缝隙还要继续罚分，这些都是新的从实际数据拟合出的参数。不使用序列联配的方法，才可能成为无参数的算法。它没有调整参数，“改进”结果的余地。这才是合乎科学精神的客观方法。

8.4.1 CVTree 方法

我们发展的不依靠联配的序列比较方法，就是把 20 个字母组成的氨基酸字母集合，扩大成由 20^K 个 K 肽字母串组成的集合，这里 $K \geq 3$ 是一个不太大的整数。这样做，可以把 K 个字母以内的短程关联都自动包含进来，而且对于结构域交换、小段 DNA 或氨基酸段落的增删等等，都变得不大敏感。

取来一个基因组所编码的全部 M 条蛋白质，固定一个整数 K。设第 i 条蛋白质的长度为 L_i。用宽度为 K 的滑动窗口从左向右移动，可以得到 $(L_i - K + 1)$ 个 K 肽。这里 $L = \sum_{i=1}^{M} L_i$。对所有的蛋白质序列实行这样的计数，得出各种 K 肽的数目。这些 K 肽都包含在 20^K 这个总种类数之内。把所有可能的 K 肽按氨基酸字母的字典顺序排列起来，从 $AA \cdots A$ 排到 $WW \cdots W$。构造一个长度为 20^K 的矢量，把刚才数出来的各种 K 肽的数目，对号入座地填写到矢量的相应位置。这样就得到一个初始的“组分”矢量。

组分矢量的每个分量，是一个特定 K 肽的出现频度。为了继续发展算法，我们需要把字母串的出现频度转换成出现概率。为简单起见，考虑由 L_i 个氨基酸组成的第 i 条蛋白质。把 K 字母串 $\alpha_1\alpha_2 \cdots \alpha_K$ 的出现频度记为 $f(\alpha_1\alpha_2 \cdots \alpha_K)$，其中 α_i 是 20 种氨基酸之一的单字母记号。如果只有这一条蛋白质，出现频度除以这条蛋白质所包含的 K 字母串总数 $(L_i - K + 1)$，当 K 很大时，这个比值就逼近该字母串的出现概率 (大数定律)：

$$p(\alpha_1\alpha_2 \cdots \alpha_K) = \frac{f(\alpha_1\alpha_2 \cdots \alpha_K)}{(L_i - K + 1)}. \tag{8.1}$$

如果有 M 条蛋白质，上面的式子要换成

$$p(\alpha_1\alpha_2\cdots\alpha_K)=\frac{f(\alpha_1\alpha_2\cdots\alpha_K)}{[L-M(K-1)]}. \tag{8.2}$$

上式中的 $L=\sum_{i=1}^{M}L_i$ 是所有蛋白质的总长度，已经在前面定义过。用这些 K 串频度或概率做分量的组分矢量，反映着演化历史上突变和选择的结果。用组分矢量做每个物种的代表，寻求它们之间的关系，这种简单而自然的方法，一定有许多人尝试过。然而，这样得到的结果并不好，以致简单透明的组分矢量方法并没有发展起来。我们一开始也走进了这条死胡同。

问题在于，普遍存在于基因组中的中性突变，扰乱了上面的计数。我们需要对计数结果实行减除背景的手续。

8.4.2 减除手续

根据木村资生在 1960 年代建立、后来被证实为基本正确的中性演化理论 [72]，分子水平上的突变是可以随机发生的，而自然选择决定突变结果是否能在演化过程中保留下来。然而，在基因组中还保留着很多不好也不坏的中性突变的后果。对于我们通过 K 串组分来反映演化历史的做法，这些中性突变乃是与物种分化没有直接关系的背景。还是根据中性突变理论，分子水平上的中性突变，可以作为随机背景考虑。

我们已经说过多次，一条真实的核苷酸或蛋白质序列就是它自己，不可能用任何模型来产生。如果是随机序列，那就可以根据问题的性质，想出办法来逼近它。现在的问题是：K 计数的结果里包含着中性突变的贡献。要设法把它们减除掉，以突出自然选择的作用。

作为随机序列，可以从比较短的字串的出现概率，设法预测长一些的字母串的出现概率。假设我们已经从一个基因组里所有的蛋白质序列，数出了各种 $(K-1)$ 肽和 $(K-2)$ 肽的出现频度，并且把频度换算成了概率。现在试图从这两类短肽的出现概率，预测特定的 K 肽的出现概率。如果我们知道了所有 $(K-1)$ 串的概率，以及出现某个特定的 $(K-1)$ 字母串 $\alpha_1\alpha_2\cdots\alpha_{K-1}$ 以后，第 K 字母恰好是 α_K 的条件概率 $p(\alpha_K|\alpha_1\alpha_2\cdots\alpha_{K-1})$，那就可以根据概率论中联合概率和条件概率的关系写出

$$p(\alpha_1\alpha_2\cdots\alpha_{K-1}\alpha_K)=p(\alpha_K|\alpha_1\alpha_2\cdots\alpha_{K-1})p(\alpha_1\alpha_2\cdots\alpha_{K-1}). \tag{8.3}$$

这个式子在概率的意义下是准确的。上式左面是我们想预测的出现概率，最右面的 $p(\alpha_1\alpha_2\cdots\alpha_{K-1})$ 可以从已知的计数结果得到，只有条件概率尚属未

知。现在对未知的条件概率做一点近似，认为最后字母 α_K 出现并不依赖于前面全部 $(K-1)$ 个字母，离得最远的 α_1 已经没有作用，可以不予考虑。这是一种缩短“记忆”的马尔可夫近似。我们已经在前面第五章里见过，1 阶马尔可夫链只依赖于前一个状态，2 阶马尔可夫链依赖于前两个状态，等等。做了马尔可夫近似之后，再把式子 (8.3) 写一遍。因为有了近似，我们在预测结果上加一个上标“0”：

$$p^0(\alpha_1\alpha_2\cdots\alpha_{K-1}\alpha_K) = p(\alpha_K|\alpha_2\cdots\alpha_{K-1})p(\alpha_1\alpha_2\cdots\alpha_{K-1}). \tag{8.4}$$

这个式子里的条件概率 $p(\alpha_K|\alpha_2\cdots\alpha_{K-1})$ 还是未知数。不过，我们可以仿照 (8.3) 式，为缩短了一个字母的串写出概率意义下准确的关系：

$$p(\alpha_2\cdots\alpha_{K-1}\alpha_K) = p(\alpha_K|\alpha_2\cdots\alpha_{K-1})p(\alpha_2\cdots\alpha_{K-1}). \tag{8.5}$$

现在从 (8.4) 和 (8.5) 两个式子中消去共同的未知条件概率，得到

$$p^0(\alpha_1\alpha_2\cdots\alpha_K) = \frac{p(\alpha_1\alpha_2\cdots\alpha_{K-1})p(\alpha_2\alpha_3\cdots\alpha_K)}{p(\alpha_2\alpha_3\cdots\alpha_{K-1})}. \tag{8.6}$$

出现在上式右端的概率，都是可以从实际的 $(K-1)$ 和 $(K-2)$ 串计数得到的已知量。现在用这个做过马尔可夫近似的结果，来逼近我们要预测的 K 串出现概率：

$$p(\alpha_1\alpha_2\cdots\alpha_K) \approx p^0(\alpha_1\alpha_2\cdots\alpha_K).$$

实际计算用到的是字母串的出现频度，而不是概率。它们之间差一个由频度概率转换公式 (8.2) 分母中的因子组成的数值因子 C：

$$f^0(\alpha_1\alpha_2\cdots\alpha_K) = C \times \frac{f(\alpha_1\alpha_2\cdots\alpha_{K-1})f(\alpha_2\alpha_3\cdots\alpha_K)}{f(\alpha_2\alpha_3\cdots\alpha_{K-1})}, \tag{8.7}$$

其中

$$C = \frac{[L-M(K-1)][L-M(K-3)]}{[L-M(K-2)]^2}. \tag{8.8}$$

当 $L \gg K$ 时，$C \approx 1$。在具体的程序中，很容易保留和计算这个因子。

公式 (8.6) 或 (8.7) 实现 $(K-2)$ 阶的马尔可夫预测。这就决定了 K 的最小值：$K \geq 3$。$K=2$ 时还可以做减除，例如取 $p(\alpha_1\alpha_2)$ 和 $p(\alpha_1)p(\alpha_2)$ 的差值。但这不是一般公式对 $K=2$ 的具体化，而是特殊的处理。还应当指出，采用 $(K-2)$ 阶的马尔可夫预测并不是唯一的可能性。原则上可以设想出其他统计预测方法。然而迄今为止，$(K-2)$ 阶马尔可夫预测给出最好的结果。目前只能根据结果对方法做取舍，还不能从第一性原理出发做判断。

马尔可夫预测公式的另一个好处，在于它不是简单“手写”出来的。前面给出了概率论意义下的推导。事实上，还可以从最大熵原理出发，推导出同一个关系 [67]。

假定对于给定的字母串 $\alpha_1\alpha_2\cdots\alpha_K$，预测出的出现频度 $f^0(\alpha_1\alpha_2\cdots\alpha_K)$ 同实际的出现频度 $f(\alpha_1\alpha_2\cdots\alpha_K)$ 一样。这说明后者没有包含新的生物学信息，因为 $(K-1)$ 串和 $(K-2)$ 串的实际数目可能包含着生物信息，但是为了预测 K 串数目，只是增加了一个与生物学没有关系的马尔可夫公式。真正反映 K 串数目中新的生物信息的乃是两者的差别。我们取两者的差值并且除以 $f^0(\alpha_1\alpha_2\cdots\alpha_K)$ 来“归一”，得到重新定义的组分矢量的分量

$$a(\alpha_1\alpha_2\cdots\alpha_K)=\frac{f(\alpha_1\alpha_2\cdots\alpha_K)-f^0(\alpha_1\alpha_2\cdots\alpha_K)}{f^0(\alpha_1\alpha_2\cdots\alpha_K)}. \tag{8.9}$$

用减除后的 $a(\alpha_1\alpha_2\cdots\alpha_K)$ 作为分量，得到我们将要使用的真正的组分矢量。

8.4.3 关联“距离”和构树

为了简化书写，把所有可能的 K 串用下标 i 编号，$i=1,2,\cdots,20^K$。两个基因组 A 和 B 的组分矢量及其分量记为

$$A=(a_1,a_2,\cdots,a_{20^K}),$$
$$B=(b_1,b_2,\cdots,b_{20^K}).$$

首先计算 A 和 B 两个矢量的“关联”$C(A,B)$，办法是把一个矢量往另一个矢量上投影：

$$C(A,B)=\frac{\sum_{i=1}^{20^K}a_ib_i}{\sqrt{\sum_{i=1}^{20^K}a_i^2}\sqrt{\sum_{j=1}^{20^K}b_j^2}}. \tag{8.10}$$

$C(A,B)$ 是已经归一化的关联，它的变化范围是 $[-1,+1]$。进一步定义物种 A 和 B 的关联“距离”或“非相似性”$D(A,B)$：

$$D(A,B)=\frac{1}{2}[1-C(A,B)]. \tag{8.11}$$

关联“距离”也是归一的；它的变化范围是从 0 到 1。至于为什么在“距离”二字上加了引号，我们以后再解释。根据 (8.11) 式，为数据集合中所有的基因组算出两两之间的“距离”，形成“距离矩阵”。然后就可以用亲缘关系学中某种距离方法来构树。我们采用邻接法 [100, 88](neighbour-joining，简称 NJ 方法) 构树。大量研究的经验表明，NJ 是一种稳定的从距离出发构树的方法。近来有人从算法角度论证了 NJ 的优点 [87]。

8.4.4 减除手续突出物种特异性

在同源蛋白的序列中，有些物理、化学性质相近的氨基酸常常发生互换。例如天冬氨酸 (D) 和谷氨酸 (E)、赖氨酸 (K) 和精氨酸 (R)、亮氨酸 (L) 和异亮氨酸 (I)，等等。忽略它们的差别，即减少所用氨基酸集合中的字母数目，可以形成代表较大分类范围的特征串；保持此种差别，则可以得到物种特异性很强的标志序列。

我们考察一个突出的实例：HAMSCAPDKE 和 HAMSCAPERD 这两个 10 肽的差别仅在于最后 3 个字母中 D/E 和 K/R 字母的互换。我们注意到后一个序列可以作为沙门氏菌属的标志。实际上可能有 8 种组合：

$$\text{HAMSCAP(D/E)(K/R)(E/D)},$$

括号中的字母二者取一。把它们分别送到蛋白质信息资源 PIR 数据库去进行多肽的严格匹配 (网址在 http://pir.georgetown.edu)。结果示于下面表 8.1中[5]：

表 8.1: 10 肽 HAMSCAP(D/E)(K/R)(E/D) 在 PIR 数据库中的准确匹配结果

10 肽	匹配数目	匹配来自细菌属
HAMSCAPDKE	1643	*Escherichia/Shigella, Kleibseilla*
HAMSCAPDKD	15	*Escherichia/Shigella, Citrobacter*
HAMSCAPERD	580	*Salmonella enterica*
HAMSCAPEKD	3	*Salmonella*
HAMSCAPEKE	1	*Escherichia coli*
HAMSCAPDRD	0	
HAMSCAPDRE	0	
HAMSCAPERE	0	

针对表 8.1中列举的细菌属，我们要特别指出埃希氏菌属 (*Escherichia*) 和志贺氏菌属 (*Shigella*) 实际上是同一个属 [152]，因此每个 10 肽所标志的属都不超过两个。CVTree 方法计算过程的中间结果，提供了发现大量种属标志的可能性。这对于宏基因组研究是很有意义的。

[5]这是 2014 年对 UniProtKB 数据库 5 月版的匹配结果。当时数据库中有 56 592 341 条蛋白质序列。

8.5 距离和超度规

真正的距离必须满足三个“距离公理”：一个点自己到自己的距离为 0；A 和 B 两点从 A 到 B 与从 B 到 A 的距离相等；三点之间的三个距离必须满足三角形不等式，即任意两个距离之和必须大于或等于第三个距离。两点之间的欧几里得距离

$$D_0 = \sqrt{\sum_i (a_i - b_i)^2},$$

还有 L_1 距离

$$D_1 = \sum_i |a_i - b_i|$$

和 L_2 距离

$$D_2 = \sum_i |a_i - b_i|^2,$$

都满足距离公理。但是用它们计算组分矢量之间的距离，构造出来的亲缘树却都不好。

使用前面给出的关联距离可以得到很好的亲缘树。然而，这些关联距离不能保证所有的三角形不等式都成立 [79]，可是不等式不成立的数目却极为稀少。

我们看一个计算实例。从 N 个基因组构树时，总共可以构成二项式系数

$$\binom{N}{3} = \frac{N(N-1)(N-2)}{3!}$$

那么多个三角形。用 $N = 1570$ 个基因组构树时，三角形的总数有

$$1570 \times 1569 \times 1568/6 = 643\ 750\ 240$$

个。算出距离矩阵后，检验三角形不等式是否成立，结果列在下面的表 8.2中。

表 8.2: 不成立的三角形不等式数目

K	3	4	5	6	7
破坏数	12 051	415	0	0	3

即使在 $K = 3$ 时有 12 051 个不等式不成立，它们在总数中所占比例也极低，小于十万分之二。这些三角形所涉及的基因组，同亲缘树上有问题的

分支并无关联。总之，三角形不等式的破坏有无生物学意义，目前我们毫无所知。

关联距离的公式 (8.11) 可以稍加变换 [17]，写成

$$D(A,B)=\frac{1}{2}\left(1-\frac{A^{\mathrm{T}}B}{||A||||B||}\right)=\frac{1}{4}\left|\left|\frac{A}{||A||}-\frac{B}{||B||}\right|\right|^2, \tag{8.12}$$

式中 $||A||$ 是物种 A 的以 a_i 为分量的组分矢量的模，A^{T} 是 A 的转置。由此可见，$D(A,B)$ 是一个欧几里得距离的平方。欧几里得距离满足包括三角形不等式在内的距离公理，但是它的平方不一定满足三角形不等式。我们已经看到，三角形不等式遭到破坏的比例极低。能不能给出判据，把这类距离公理遭到轻微破坏的情形挑选出来？这可能是一个可以提给古希腊数学家的问题。笔者孤陋寡闻，不知道答案。

三角形不等式的一个加强的形式，要求三角形必须是等腰或等边的。这样的距离或度规，称为“超度规”(ultrametricity)[98]。如果一棵亲缘树的枝长满足相加性，即同演化时间成正比例，那就可以把末端上两个物种的距离定义为它们到共同祖先的距离。读者不难自己验证，这样的距离乃是一种超度规。然而，用各种方法得到的物种距离通常不是超度规。有很多种办法，把一个普通的距离矩阵“超度规化”，使它满足超度规要求。如何设计超度规化的方法，使得最终变换出来的距离矩阵，能用于构建一棵枝长具有相加性的生命之树？这也是没有解决的问题。

8.6 亲缘树正确性的检验

亲缘关系学里的传统做法，要对构建出来的树进行统计再抽样检验。传统构树方法基于序列的联配。并不是一条序列上的所有字母或位点，都包含着亲缘信息。例如，来自不同物种的几条同源蛋白质序列，在某些位点上具有完全相同的字母。这类没有差别的位点，不提供物种分化的信息。构树时必须挑选包含信息的位点。这样的位点数目往往极其巨大，实际计算时只能选用一部分。一棵可信的亲缘树，不应当因为挑选不同的位点而发生质的差异。这是统计再抽样检验的目的。

统计学里介绍再抽样方法时，常常用一个大坛子举例。大坛子里面装有大量颜色不同但质地手感相同的小球。要求用抽样的办法，估计坛子中各种颜色小球的比例。抽样检验的步骤如下：

1. 努力摇晃坛子，使其中小球分布均匀 (随机化)。

2. 闭上眼睛，从坛子里抽取 100 个小球 (随机采样)。

3. 清点并记录刚才取出的各色小球的数目。

4. 把刚才采样取出的小球全部放回坛子里。

5. 继续从第一步开始操作。

总共循环操作例如 500 次以后，对记录下来的数字求平均值和相对比例，得出对各色小球分布的估计。

由于第 4 步要求把取出的小球送回坛子里去，这套手续被称为“自举法”(bootstrap)。如果第 4 步改成：“把刚才采样取出的小球都扔掉”，那相应的手续称为“刀切法”(jackknife)。如果坛子中的小球总数不够多 (采样空间有限)，人们就只能“自举”，不敢“刀切”。这是文献中“自举”比“刀切”常见的缘由。

然而，仔细思考一下就会明白，顺利通过统计再抽样检验，充其量只说明，所得结果对于输入数据的小改变是稳定的，构建出的亲缘树是自洽的，而绝不是对所得结果客观正确性的证明。

亲缘关系反映演化历史，是纵向的分支和传承；地球上现存物种的分类系统，是横向的同异划分。在理想情况下，后者是前者的“投影”。可信的亲缘关系，应当同客观的分类系统一致。这才是对亲缘树的客观而且独立的检验。作为不依靠序列联配的方法，我们设计出对组分矢量方法进行统计再抽样检验的办法。事实上，CVTree 方法很好地通过了所有的自举检验和刀切检验 [154]。更有甚者，从 2004 年发表的基于 103 个细菌和古菌基因组的亲缘树 [94]，到最近超过 3200 个基因组的大树 [148]，CVTree 方法事实上很好地通过了一系列“反刀切法”检验。因此，我们不主张再进行劳力费时的统计再抽样计算，而建议把注意力放到与细菌分类系统的一致和差异上。我们发展的 CVTree 方法，达到与当前细菌分类体系的高度一致，这才是对它正确性的检验。

8.7 肽段长度 K 的意义和选择

我们对多个基因组所编码的蛋白质集合进行不依靠序列联配的比较，基本办法是把单个氨基酸的计数 ($K = 1$) 扩展到对 K 肽片段的计数。初看之下，K 像是一个参数。然而，它不是参数。第一，我们从来不对 K 的数值进行调整，而把同一个 K 用于构树所涉及的全部蛋白质。第二，事实上，我

们每次对一系列 K 值计算多棵 CVTree，观察它们随 K 的变化，对分类系统的“收敛”做出判断。

固定 K 之后，我们使用的马尔可夫预测涉及 K、$(K-1)$ 和 $(K-2)$ 三种长度的多肽片段。定性地说，长的 K 串具有较大的物种特异性，它们的数目应当远远少于在同等氨基酸含量的随机序列集合中遇到的数目。假定 20 种氨基酸以同样的概率出现在蛋白质集合中，每种氨基酸的出现概率是 1/20。那么一种特定 K 串的出现概率是 $1/20^K$。这个概率乘上序列的总长度，就得到在随机序列中此种 K 肽出现次数的估计。对于细菌基因组中所编码的蛋白质，氨基酸的总数为百万 (10^6) 的量级。在这样大的随机氨基酸序列集合中，特定 K 串的预计出现次数是 $10^6/20^K$。只有当这个预计出现次数很少（“远小于 1”）时，这种 K 串才是具有特异性的。因此，我们得到不等式：

$$\frac{10^6}{20^K} \ll 1. \tag{8.13}$$

如果 K 取得太大，即过分强调物种特异性，在极端情形下就会获得一棵星形树 (star tree)：每个物种各成一支，不能反映出物种之间的联系。物种之间的关系是靠较多物种所共有的较短的串来体现的。因而与上面的考虑相反，$(K-2)$ 串的数目不能太少，至少要达到在随机集合中可以遇到的程度。把 (8.13) 式中的 K 换成 $(K-2)$，并且把不等式变成相反的方向，我们得到第二个不等式：

$$\frac{10^6}{20^{K-2}} \geq 1. \tag{8.14}$$

对 (8.13) 和 (8.14) 式的两端取对数，把 K 解出来，并且合并成一个式子。我们得到对 K 值的限制：

$$4.6 < K < 6.6, \tag{8.15}$$

即整数 K 的范围是 5 和 6。这是同我们多年的实际计算经验一致的。我们已经在 8.5小节表 8.2中看到，在 $K=5,6$ 时物种“距离”之间的三角形不等式全部成立。我们也知道，在这两个 K 值下，CVTree 结果通过自举和刀切检验的效果最好 [154]。还有更重要的生物学观察：在 $K=5,6$ 时，古菌、真细菌和真核生物这三个生命“超界”在 CVTree 上明确分开。

对于病毒和真菌，可以相应地分别取氨基酸总数的量级为 10^5 和 10^7。合并上述估计，我们把得到的结果 [79, 81] 总结在表 8.3里。

上面给出的估计，对于参数的具体选择并不敏感。例如，各种氨基酸频度不取统一的 1/20，而取来自实际数据的比值 (事实上对于不同的物种，它

表 8.3: CVTree 方法最佳 K 值的估计

对象	氨基酸总数量级	最佳 K 值
病毒	10^5	3, 4
古菌和细菌	10^6	5, 6
真菌	10^7	6, 7

可能从 2% 变到 9%)；对于氨基酸总数取比 10^6 更“精确”一些的数，对最终结果都没有很大的影响。事实上，不等式 (8.14) 也比 (8.13) 弱化了一点，文字叙述中已经讲清楚了原因。这些是“对数”估计的好处。

我们看到，K 更像是普通光学显微镜上调整分辨率的旋钮。它有一个最佳范围。但是走出这个范围，有时还可以得到一些其他信息。传统的实验微生物学里，要用大量的鉴定 (phenotyping) 实验来判别物种的异同。虽然不可能把鉴定实验的种类与不同的 K 分辨率直接联系起来，但是可以观察不同 K 值下的构树结果，并且考察分支结构随 K 的变化。如果一个具体的分支，在不同的 K 值下，其内部结构都是一样的，那这个分支客观正确的可能性就比较高。如果只在一两个 K 下看到收敛的结果，往往也需要做更多类型的鉴定实验才能判断和区分物种。

以上从多个角度说明，对于细菌 $K=5$ 和 6 给出最好的构树和分类结果。其实，这同生物学家们的经验也是一致的。1999 年，诺贝尔化学奖获得者米歇尔 (Hartmut Michel, 1948 –) 在庆祝中国科学院成立 50 年的大会学术报告 [86] 中说：只要知道蛋白质的一小部分 (6 个氨基酸就足够了)，就可以根据数据库确定整个序列。介绍蛋白质组学的一本著作 [83] 也指出：6 肽或稍长的肽链在一个物种的蛋白质组中几乎是唯一的。他们讨论的是单个 6 肽，而 CVTree 则使用全部 5 肽或 6 肽的集合，因而分辨力和物种特异性都更强。

原来 K 肽是作为不依靠联配的序列比较方法而引入的。K 肽的深入讨论把我们引进下一章关于蛋白质序列分解和重构的研究。

8.8 CVTree 方法的两大应用

组分矢量方法的基本思想，本书作者 2002 年在清华大学举行的庆祝杨振宁先生 80 华诞的国际会议上首次报告 [52]。十几年来，它已经成功地运用

于研究病毒 [32, 35]、古菌和细菌 [95, 94, 34, 46, 151, 152, 136, 148, 153]、叶绿体 [18]，以及真菌 [120] 的亲缘关系和分类系统。在结束本章之前，我们要特别强调一下 CVTree 方法在以下两个方面的应用前景。

8.8.1 细菌的大范围分类

由于缺少形态判据和化石支持，细菌的亲缘关系和分类系统长期以来是一本糊涂账。林奈建立的生物分类系统，虽然包括了界、门、纲、目、科、属、种等诸多层次，但实践中对于多数门类，只有高低两端的划分比较清楚。如果核查一下《物种起源》[24] 一书，达尔文只对多细胞动植物使用了科以下的层次，而根本没有提及微生物。20 世纪细菌学的重要进展，是建立了为细菌命名的国际标准 [77]。虽然正式发表的具有合法地位的细菌名目，曾经一度少于世纪初出现在文献中的数目，但是低端的分类系统，即“属”的划分，却逐渐清晰起来。1985 年沃斯与合作者们 [129] 根据当时仅有的约 400 条 16S rRNA 序列的分析比较，提出了 10 个真细菌门的定义。此后，人们建议了越来越多的古菌和细菌门。经过 12 年集体努力，在 2012 年出齐的《伯杰系统细菌学手册》[8] 第 2 版中列举了 2 个古菌门和 26 个细菌门。从各种环境中采样的 16S rRNA 序列普查说明，细菌门的总数可能超过 100，甚至达到上千个。此外，人们还构造了一棵不断更新的基于 16S rRNA 序列的大树 [137](All-Species Living Tree)。在它的 2015 年第 123 版中，反映了 32 个门。不过这棵树的缺点是，它只收入具有合法发表的名字和保存着培养株 (type culture) 的菌株。目前细菌基因组的测序计划已经超过 5 万个，已经完成并发表的基因组数目超过 8000(参看 GOLD 数据库 [36])。使用 CVTree，已经可以构造基于上万个基因组的大树。在这棵树上，许多还没有合法名称的菌株，它们的分类地位已经清楚地显现出来，或是可以归入已知的框架，或者代表着尚未定义的新的门类。在我们已经构造出的基于 10 076 个基因组的树上，有 6 个古菌支和 32 个细菌支可能具有门的地位。

这是跨越几十个门的大范围分类，即分类学家 Cavalier-Smith[16] 所说的细菌的“巨分类”(mega-classification)。这是不同于针对多细胞动植物的富有成效的亲缘关系和分类系统研究，那里研究对象往往局限于很窄的分类范围。例如，脊椎动物只是一个亚门，哺乳动物是一个纲，灵长类是一个目，而人、大猩猩、黑猩猩的比较研究只涉及属的一部分。分类跨度不同，许多问题的提法也不同。在大范围研究中，亲缘树的分支拓扑就比支长标度更为重要，而这正是 CVTree 方法的长处。在大分类尺度意义下，长期落后的细菌亲缘关系和分类学研究，可能超越多细胞的动植物。在全球范围内分类学研究正在走下坡路的背景下，这种发展前景的出现是由于基因组测序技术和分析技术的进步。专门从事分类研究的学者数目将与日俱减，而亲缘关系和分类系统则成为基因组自动分析的副产品。

8.8.2 亚种以下菌株的高分辨力

16S rRNA 序列分析的一个公认的弱点，是它在种和亚种以下没有分辨能力 [30, 111, 137]，而环境、生态、病原菌和抗药性，乃至细菌生物地理研究等领域，迫切需要区分亚种以下的菌株。人们使用生物变型 (biovar)、致病变型 (pathovar)、噬菌体变型 (phagovar)、血清型 (serotype) 等名目 (参见文献 [12])，乃至生态型 (ecotype)、亲缘群 (phylogroup) 等种种概念，发明各种方法对它们做界定和描述。由于完全基因组在分子水平上包含着最多的信息，这些亚种以下的划分应当反映在基于基因组的亲缘树上。

事实上，CVTree 在这方面已经表现出了实力。同一种细菌的“社会”由不同的族群组成。例如，自然界中大肠杆菌的群体并不是由单一类菌株组成。大肠杆菌的集合可以划分成不同的亲缘群，它们在致病性等方面表现不同。用 CVTree 构建的上百个大肠杆菌的亲缘树，其高层的分支与传统的亲缘群划分高度一致。

自从 1920 年代后期以来，血清型鉴定曾是区分病源菌株的重要手段。现在，CVTree 上的已知化脓性链球菌 (*Streptococcus pyogenes*) 菌株的分支情形，与这些菌株的血清型划分一致。肺炎链球菌 (*Streptococcus pneumoniae*)、肺结核分枝杆菌等的菌株分支与它们的血清型也有明显关联，虽然不像化脓性链球菌那样单纯一致。这显然是应当继续研究的课题。

多细胞生物的地理分布，曾经是达尔文提出演化理论的重要根据。细菌们有没有因为地理分布而产生的差异呢？现在知道，幽门螺旋杆菌的菌株有着明显的地理分布。这主要是由于它们要适应人类宿主在地球上迁徙到的不同生活环境，显然还不是单纯的细菌地理分布。近几年有了一个单纯属于细菌的实例，那就是在欧亚大陆和北美大陆不同地区火山温泉中采集的冰岛硫化叶菌 (*Sulfolobus islandicus*) 的菌株。它们在亲缘树上的分叉次序，与地理分布高度一致。包括 CVTree 在内的基因组分析表明 [151]，这些菌株还没有分化成不同的菌种，只是不同的地理变种 (geovars)。

目前，像大肠杆菌、沙眼衣原体 (*Chlamydia trachomatis*)、白喉棒杆菌 (*Corynebacterium diphtheriae*)、肺结核分枝杆菌等细菌，都有成百上千个菌株被测序。CVTree 的一次运行，就可以产生所有这些病源菌菌株的亲缘关系图。这些图可以同流行病学研究直接比较。

CVTree 方法在亚种以下的高分辨力，还有一个应用前景，那就是对细菌的有用的代谢产物的电子筛选。某些细菌的代谢产物是重要的抗菌素或杀虫药。例如，苏云金杆菌 (*Bacillus thuringiensis*，简记为 BT) 产生的毒素可以有效地杀死某些直翅目、膜翅目和鳞翅目昆虫的幼虫。人们设法培养各种各样的苏云金杆菌变种，就毒素产量和作用进行筛选。如果对大量变种进行了测序，就可以把已经积累的数据标注到亲缘树上，挑选出那些靠近有效菌株、值得进一步做筛选试验的新菌株。这种做法可以大为提高筛选效率、降低试验成本，值得大力提倡。

第九章 符号序列重构的唯一性

一条由 L 个氨基酸组成的蛋白质序列，使用宽度为 K 的滑动窗口，总可以分解成 $L-K+1$ 个 K 肽。现在提出一个逆问题：给定这一批 K 肽，要求重新构成长度为 L 的氨基酸序列，每条 K 肽必须而且只许使用一次，全部用完。这个逆问题是有解的，因为至少可以回到作为出发点的那条蛋白质序列。问题：重构是否唯一？显然，只要序列不过于"简单"，而且 K 足够大，重构将是唯一的。这时只要取 $K=L-1$，把序列分解成两段，就可以看出分解的唯一性。序列分解不唯一时，有多少不同的重构序列？把 K 换成 $K+1$ 时，重构数目会减少，在何种 K 值下，重构成为唯一的？自然界中的蛋白质序列，在组分矢量方法常用的 K 值下，其重构唯一性如何？我们将使用来自图论和形式语言理论的两种方法，回答这些问题。

9.1 序列重构数与图论中欧拉圈数的关系

谢惠民在 2001 年指出 [57]，上述重构数目可由图论中的有向欧拉圈数目决定。我们以一条具体的蛋白质为例，加以说明。下面是一种冬季比目鱼的抗冻蛋白质前体 (PDB 蛋白质结构数据库序列号 ANPA_PSEAM)，它只包含 82 个氨基酸：

$$MALSLFTVGQLIFLFDWTMRITEASPDPAAKAAPAAAAAPA$$
$$AAAPDTASDAAAAAALTAANAKAAAELTAANAAAAAATARG$$

给定 $K=5$，把第一个 5 肽看做由前 4 个字母代表的状态向后 4 个字母代表的状态的跃迁：

$$MALSL: \quad MALS \to ALSL.$$

沿蛋白质序列右移一个字母，把第二个 5 肽看做由前 4 个字母代表的状态向后 4 个字母代表的状态的跃迁：

$$ALSLF: \quad ALSL \to LSLF.$$

前一个跃迁的末态自然就是后一个跃迁的初态。如法炮制，直到最后一个 5 肽代表的跃迁：

$$ATARG: \quad ATAR \to TARG.$$

把每个状态画成一个图的顶点；如果遇到重复出现的状态，就只画一次顶点，而把相应的跃迁箭头指回来；最后用一条辅助跃迁，从最后一个末态指回第一个初态。这样一来，一条蛋白质导致一条封闭的路径，同时就定义了一个欧拉图。那条路径就是图上的一个封闭的欧拉圈。问题归结为，同一个欧拉图上还有没有其他的欧拉圈？一共有多少个不同的欧拉圈？

其实在上述做图过程中，不必保留所有的顶点。例如，一串进出各一次的顶点可以只留一个，而不影响欧拉圈的数目。上面这条 82 个氨基酸的蛋白质，最终对应如图 9.1所示的只有 9 个顶点的欧拉图：

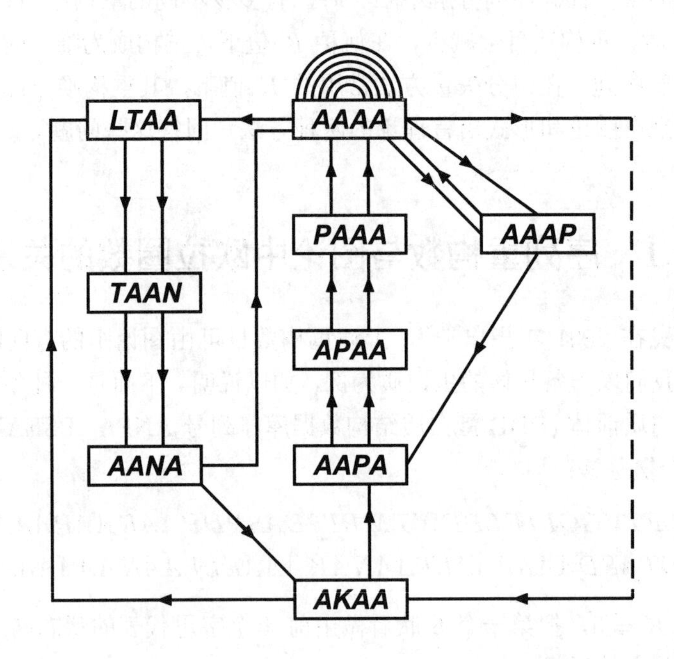

图 9.1: 对应蛋白质序列 ANPA_PSEAM 的欧拉图，虚线来自把末态连回到初态的辅助线。

欧拉圈的数目是图论中解决得比较好的问题。图 9.1的结构由两个矩阵

描述：一个对角的度矩阵

$$M = \text{diag}(d_1, d_2, \cdots, d_9),$$

其中 d_i 是第 i 个顶点的度 (对于欧拉图，入度 = 出度 = 度)；另一个连接矩阵 $A = \{a_{ij}\}$，其元素等于从顶点 i 连到顶点 j 的弧线数目。两者之差

$$C = M - A$$

称为基尔霍夫矩阵 (也叫做拉普拉斯矩阵)。具体到图 9.1有：

$$C = \left\{\begin{array}{ccccccccc}
2, & -1, & 0, & 0, & 0, & 0, & -1, & 0, & 0, \\
0, & 2, & -2, & 0, & 0, & 0, & 0, & 0, & 0, \\
0, & 0, & 2, & -2, & 0, & 0, & 0, & 0, & 0, \\
0, & 0, & 0, & 2, & -2, & 0, & 0, & 0, & 0, \\
-1, & 0, & 0, & 0, & 4, & -2, & -1, & 0, & 0, \\
0, & -1, & 0, & 0, & -1, & 2, & 0, & 0, & 0, \\
0, & 0, & 0, & 0, & 0, & 0, & 2, & -2, & 0, \\
0, & 0, & 0, & 0, & 0, & 0, & 0, & 2, & -2, \\
-1, & 0, & 0, & 0, & -1, & 0, & 0, & 0, & 2,
\end{array}\right\}.$$

基尔霍夫矩阵的特点是它所有的代数余子式 $\varDelta$ 都相同。Mathematica 软件里有专门计算代数余子式的函数，结果是 $\varDelta = 192$。如果图中没有从一个顶点回到自身的弧线，即 $a_{ii} = 0, \forall i$，任何两个顶点之间也没有并行的两条或更多弧线，即 $a_{ij} = 0, 1, \forall i \neq j$，则相应的图称为简单图。图论里有一个著名的 BEST 定理 [28, 10]，缩写来自四位数学家的姓氏，他们是 N. G. de Brujin，T. van Aardenne-Ehrenfest，C. A. B. Smith 和 W. T. Tutte。对于简单欧拉图，给定 K 时欧拉圈的数目是

$$R(K) = \varDelta \prod_i (d_i - 1)!. \tag{9.1}$$

图 9.1显然不是简单欧拉图。然而，只要在每一条并行的弧线上添加一个辅助顶点，它就成为简单图；仍然可以使用公式 (9.1) 计算圈数，只是矩阵变得更大。谢惠民借助矩阵的初等变换证明，可以不增大矩阵，只是把公式 (9.1) 推广成

$$R = \frac{\varDelta \prod_i (d_i - 1)!}{\prod_{ij} a_{ij}!}. \tag{9.2}$$

上式中允许某些 $a_{ii} \neq 0$，以及一些 $a_{ij} > 1$。上式分母中的 $a_{ij}!$ 就是为

了抵消并行弧线所导致的重复计数。由于 $0! = 1! = 1$，对于简单图，公式 (9.2) 回到 (9.1)。

我们后来得知，公式 (9.2) 早曾在文献 [68] 中给出，不过那里考虑的是指定了起点的欧拉圈，因此该起点的度 d 要出现在分子中。这就是说，论文 [68] 中对应 (9.2) 的式子是

$$R = \frac{\Delta d \prod_i (d_i - 1)!}{\prod_{ij} a_{ij}!}. \tag{9.3}$$

由于只关心欧拉圈的数目，我们可以在最后加上的辅助线上引入一个度 $d = 1$ 的辅助结点，作为计数的起点。因此，在各个公式里都可以不写这个 d。

用 $R(K)$ 代表以长度为 K 的多肽做蛋白质序列分解时，序列重构的是数目。对于蛋白质序列 ANPA_PSEAM 所导致的图 9.1，欧拉圈的数目是 $R(5) = 1512$，$R(6) = 60$，$R(7) = 2$，$R(8) = 1$，即 $K = 8$ 时该蛋白质序列具有唯一的重构。

还可以举一个更复杂的例子，人类着丝粒蛋白质 B。它在瑞士蛋白质数据库中的名字是 CENB_HUMAN，由 599 个氨基酸组成：

```
MGPKRRQLTF REKSRIIQEV EENPDLRKGE IARRFNIPPS TLSTILKNKR AILASERKYG
VASTCRKTNK LSPYDKLEGL LIAWFQQIRA AGLPVKGIIL KEKALRIAEE LGMDDFTASN
GWLDRFRRRH GVVSCSGVAR ARARNAAPRT PAAPASPAAV PSEGSGGSTT GWRAREEQPP
SVAEGYASQD VFSATETSLW YDFLPDQAAG LCGGDGRPRQ ATQRLSVLLC ANADGSEKLP
PLVAGKSAKP RAGQAGLPCD YTANSKGGVT TQALAKYLKA LDTRMAAESR RVLLLAGRLA
AQSLDTSGLR HVQLAFFPPG TVHPLERGVV QQVKGHYRQA MLLKAMAALE GQDPSGLQLG
LTEALHFVAA AWQAVEPSDI AACFREAGFG GGPNATITTS LKSEGEEEEE EEEEEEEEEG
EGEEEEEEGE EEEEEGGEGE ELGEEEEVEE EGDVDSDEEE EEDEESSSEG LEAEDWAQGV
VEAGGSFGAY GAQEEAQCPT LHFLEGGEDS DSDSEEEDDE EEDDEDEDDD DDEEDGDEVP
VPSFGEAMAY FAMVKRYLTS FPIDDRVQSH ILHLEHDLVH VTRKNHARQA GVRGLGHQS
```

取 $K = 5$，把这个蛋白质序列分解，最终导致的欧拉图 9.2只有 19 个结点。由图 9.2得到对角的度矩阵：

$$M = \text{diag}(1, 2, 2, 2, 2, 2, 4, 4, 20, 4, 2, 2, 2, 2, 3, 2, 2, 2, 2, 2)$$

和连接矩阵：

$$
A=\begin{pmatrix}
0&1&0&0&0&0&0&0&0&0&0&0&0&0&0&0&0&0&0&0\\
0&0&1&0&0&0&0&0&0&1&0&0&0&0&0&0&0&0&0&0\\
0&0&0&2&0&0&0&0&0&0&0&0&0&0&0&0&0&0&0&0\\
0&0&0&0&1&0&1&0&0&0&0&0&0&0&0&0&0&0&0&0\\
0&0&0&0&0&1&0&1&0&0&0&0&0&0&0&0&0&0&0&0\\
0&0&1&0&0&1&0&0&0&0&0&0&0&0&0&0&0&0&0&0\\
0&0&0&0&1&0&0&3&0&0&0&0&0&0&0&0&0&0&0&0\\
0&0&0&0&0&0&0&0&4&0&0&0&0&0&0&0&0&0&0&0\\
0&1&0&0&0&0&0&0&15&3&0&0&0&0&1&0&0&0&0&0\\
0&0&0&0&0&0&0&0&0&0&2&0&1&1&0&0&0&0&0&0\\
0&0&0&0&0&0&1&0&0&0&0&1&0&0&0&0&0&0&0&0\\
0&0&0&0&0&0&2&0&0&0&0&0&0&0&0&0&0&0&0&0\\
0&0&0&0&0&0&0&0&0&0&0&1&0&0&0&1&0&0&0&0\\
0&0&0&0&0&0&0&0&1&0&0&0&0&0&1&0&0&0&0&0\\
0&0&0&0&0&0&0&0&0&0&0&0&1&0&0&0&2&0&0&0\\
0&0&0&0&0&0&0&0&0&0&0&0&0&0&1&1&0&0&0&0\\
0&0&0&0&0&0&0&0&0&0&0&0&0&0&0&0&0&2&0&0\\
0&0&0&0&0&0&0&0&0&0&0&0&0&0&0&0&0&0&1&1\\
1&0&0&0&0&0&0&0&0&0&0&0&0&1&0&0&0&0&0&0\\
0&0&0&0&0&0&0&0&0&0&0&0&0&0&0&0&0&0&1&1
\end{pmatrix}. \tag{9.4}
$$

基尔霍夫矩阵 $C=M-A$ 的代数余子式为 $\Delta=168\,960$。仍然用 $R(K)$ 代表短肽长度为 K 时的重构数目，我们有 $R(5)=491\,166\,720$。对于更长的 K 有 $R(6)=17\,472$，$R(7)=90$，$R(8)=12$，$R(9)=4$，最终有 $R(10)=1$。我们看到蛋白质 CENB_HUMAN 属于少数具有极多重构的序列，不过它在 $K=10$ 时已经具有唯一的重构。我们在后面的 9.3节，继续讨论有关问题。

现在，我们至少可以写出两种程序，来检验蛋白质序列在给定 K 值下的重构数目。

第一个程序从给定的短串集合出发，硬碰硬地实现重构。记录下每次成功重构，直到尝试遍一切可能组合。这个程序里必须事先设定一个截断值，例如 10 000，一旦成功的重构数目超过 10 000，就停止计算并且做出报告。这是因为，确实有一些蛋白质具有极其巨大的重构数目。如果不设定截断，程序就会无休无止地运行下去。这个程序给出最多的信息，即每一条实际构造出来的重构序列，或者大量重构序列中的前 10 000 条。

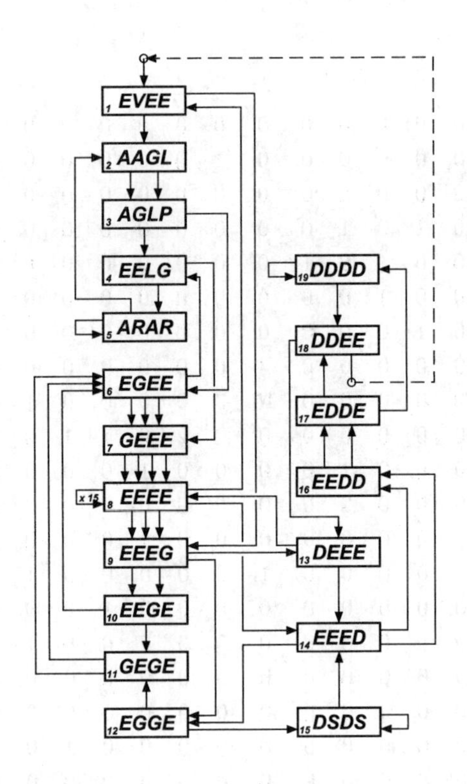

图 9.2: 由 599 个氨基酸组成的蛋白质 CENB_HUMAN 在 $K=5$ 时所导致的欧拉图。

如果只关心重构的数目，而不需要重构出的序列本身，那就可以编写第二种程序，来实现推广的 BEST 公式 (9.2)，直接算出给定 K 值下的重构数目，而不给出这些序列。然而，为看起来这样简单的公式编写程序，并不是一个平庸的要求。首先，这个程序要根据蛋白质序列产生但并不画出来相应的欧拉图，进而归并图中不影响重构数目的结点和连接，求得各个结点的度以及结点之间的连接方式，生成度矩阵 M 和连接矩阵 A。这些都不是标准的数值计算问题，而要靠一些程序技巧来实现。如果花费笔墨来叙述这些程序技巧，需要相当长的篇幅，而且并不容易说清楚。最好的办法，是自己动手写出这样的程序。这个程序提供的信息比前面第一个程序少，只是从推广的 BEST 公式 (9.2) 得到的一个数字。如果重构数目不是 1，就把 K 换成 $K+1$，再算一遍，直至得出实现唯一重构的 K 值。

事实上，还可以有第三种程序。如果并不关心一个蛋白质序列的具体重构数目，而只注意它在特定 K 值下是否具有唯一重构，那就可以借助形式语言理论构造出一个有限状态自动机。这个自动机只对特定 K 值下序列的重构是否唯一做出判断，即给出“是”或“否”的逻辑答案。为此，我们要回到在第六章里已经介绍过的可因式化语言。我们在那里已经说过，形式语言不是纯属形式的构造。当问题提法合适时，它可以开辟有效的计算途径。

9.2 序列重构唯一性的形式语言解

2001 年，我们初步解决了蛋白质序列重构唯一性与图论中欧拉圈的数目关系以后，由于问题不在探求细菌亲缘关系的主攻方向上，就写了一份电子预印本 [57] 束之高阁，而去继续钻研生物问题。

几年之后，一位年轻的理论计算科学工作者 Kontorovich[74]，因为钻研完全不同的问题，引用了我们的预印本，也促使我们重新回到符号序列的重构问题。文章 [74] 证明，存在着有限状态自动机，它可以判断一个符号序列在给定的 K 值下是否具有唯一的重构。谢惠民在复旦大学理论生命科学研究中心介绍这篇工作时指出，该文只是给出了一个存在性证明，并没有构造性的讨论。因此，此种自动机的实际构造仍然是一个没有解决的问题。谢惠民报告后 30 分钟，在座的博士研究生李强宣布构造出来了这样的自动机。李强的构造是正确的，但是引发了一些至今还需要继续研究的问题，我们在这里稍加介绍。

9.2.1 唯一重构序列与可因式化语言

我们把符号序列的分解和重构问题，放在更一般的框架中讨论。考虑有限个字母的集合 Σ。例如，Σ 可以是两个符号 $\{0,1\}$，或者 4 个核苷酸字母 $\{a,c,g,t\}$，或者 20 个氨基酸的单字母符号 $\{A,C,\cdots,W\}$，等等。给定一个正整数 K，考虑用字母集合 Σ 中的符号组成的长度为 M 的序列 (我们把大写字母 L 留到后面用)。用宽度为 K 的滑动窗口从左向右一步一步地移动，把序列分解成 $M-K+1$ 个 K 串的集合 $\{W_i\}_{i=1}^{M-K+1}$。

现在提出一个逆问题：给定 K 串的集合 $\{W_i\}_{i=1}^{M-K+1}$，要求把这些 K 串拼接成长度为 M 的符号序列，每个 W_i 必须而且只能使用一次，全部用完。这个逆问题是有解的，因为至少可以恢复原来的那个符号序列。我们还知道，当 K 足够大时重构是唯一的。只要考虑一下 $K=M-1$ 这样的极端情况，那唯一性就是显然的。

把用 Σ 中字母所组成的全部字母序列的集合记为 Σ^*。为了简单一些，可以考虑有限长度序列的集合，这个“有限长”可以很长。从 Σ^* 中挑选出来所有在给定的 K 值下具有唯一重构的序列，组成一个子集合。第六章里讲过形式语言的一般定义：Σ^* 的任何一个子集合称为一个语言。于是，Σ^* 中所有具有唯一重构的序列组成一个语言。

不难看出，所有具有唯一重构的序列组成一个可因式化语言。可因式化语言的定义已经在第六章里介绍过：可因式化语言中的任何一个“字”或“序列”，当进一步分解成更短的子字时，任何一个子字都属于同一个可因式化语言。一条具有唯一重构的符号序列的任何一个子序列，必然具有唯一的重构；否则原来的序列就不能具有唯一重构。

来自生物学的符号序列都是有限长度的，因而相应语言都属于乔姆斯基阶梯中最底层的正规语言。每种正规语言都可以被特定的有限状态自动机所“接受”或“识别”。因此，文献 [74] 中证明的存在性定理，就成为“有限”和“可因式化”的直接推论。可以说，具有唯一重构的符号序列，根据定义就是一种可因式化语言。

形式语言和自动机理论[66, 132, 134]告诉我们，自动机分为确定性自动机和非确定性自动机两大类。它们的“功能”相同。确定性自动机有明确的起始结点，到达每个结点以后的下一步走向是确定的，不需要做随机的选择。可能存在许多种具有相同功能的确定性有限状态自动机，它们之中有一个最小确定性有限状态自动机 (minDFSA)。所有的确定性最小有限状态自动机都是同构的，它们的差别只在于结点的编号方式。有一套标准办法 (“子集合构造”) 从一个有限状态自动机构造最小有限状态自动机。非确定性自动机，可以随机地选择起始结点，到达一个结点以后，选择下一步去向时也有随机性。我们不去介绍这些可以在标准教科书里找到的知识，而用符号序列重构的唯一性问题，来演示可因式化语言的具体应用。

9.2.2 识别唯一重构序列的有限状态自动机

本节的叙述基于李强和谢惠民的论文 [80]。

根据定义，所有的具有唯一重构的符号序列组成一个可因式化语言 L。Σ^* 中不属于 L 的序列，即 L 的补集合 $L' = \Sigma^* - L$ 是不允许字的集合。根据定义，每个不允许字至少有两个或更多重构。可因式化语言的不允许字集合 L' 中包含一个最小集合 L''，这个集合中的字不能再分解，否则就会成为 L 中的允许字。这个最小的不允许字集合，特称为禁止字集合。可以证明，一个可因式化语言由它的禁止字集合完全决定。

Ukkonen[117] 在 1992 年猜测，Pevzner[92] 随后证明，序列重构的不唯一性来自两类变换。在我们把终点用辅助线连回起点的封闭圈做法里，我们可以把代表每个结点的 $(K-1)$ 字母串，看成一个新的字母集合中的符号。因此只需要考虑 $K=2$ 的情形。

第一类变换称为转置 (transposition)：

$$\cdots XWZ\cdots XUZ\cdots \iff \cdots XUZ\cdots XWZ\cdots,$$
$$\cdots XWXUX\cdots \iff \cdots XUXWX\cdots.$$

第二类变换称为旋转 (rotation)：

$$XWZUX \iff ZUXWZ.$$

上面式子中 $X, Z \in \Sigma$，$W, U \in \Sigma^*$。对于重构的非唯一性，这些条件是必要而不充分的。由于在我们的做法里固定了起点和终点，可以不考虑旋转变换。

在论文 [74] 中给出了欧拉图里欧拉圈唯一的充分和必要条件，并且证明了所有具备唯一重构的符号序列组成一个正规语言。我们已经说过，这个存在性的证明没有提供构造相应自动机的途径。

指出具有唯一重构的符号序列组成一种可因式化语言，不仅使上述证明成为语言定义的推论，还提供了构造自动机的办法。

我们首先表述一个定理：

定理 1：在 $K=2$ 和起点与终点的符号相同的条件下，一个具有唯一重构的语言 $L \subset \Sigma^*$ 值只有两类禁止字：

$$\text{(i)}\quad z\alpha y\gamma x\beta y,$$
$$\text{(ii)}\quad x\alpha x\beta x.$$

其中 $x, y \in \Sigma$，$x \neq y$，$\alpha, \beta, \gamma \in L$；而且它们满足以下条件：

1. 在 (i) 中至少 α 或 β 之一非空，全部 α、β 和 γ 不包含 x 或 y 或相同的符号；

2. 在 (ii) 中至少 α 或 β 之一非空，而且不包含符号 x 或等同的符号。

定理表述毕。我们跳过形式冗长但实质简单的证明，直接去构建有限状态自动机。

我们先描述一个接受唯一重构序列语言 L 的确定性有限状态自动机

M。这个自动机由 5 个元素组成：

$$M = \{Q, \Sigma, \delta, q_0, F\}. \tag{9.5}$$

其中 Σ 是有限字母集、$Q = \{q\}$ 是状态的集合、$q_0 \in Q$ 是初始状态、$F \in Q$ 是接受 L 的状态，而 δ 是从 $Q \times \Sigma$ 到 Q 的转移函数。自动机 M 从序列 $s \in \Sigma^*$ 中自左向右读入符号。每次读入一个符号 a，就从状态 q 变到由转移函数 $\delta(q, a) = q'$ 决定的状态 q'。我们逐一解释这些元素。

1. Σ 是由 m 个符号 $\{a_1, a_2, \cdots, a_m\}$ 组成的字母集合，这些符号还可以写成 $\{1, 2, \cdots, m\}$。语言 $L \subset \Sigma^*$ 定义在字母集 Σ 之上，而自动机 M 读入的序列 $s \in \Sigma^*$。

2. Q 中的每一个状态由 3 个元素 $(p; n; c)$ 组成，因而 Q 就是

$$Q = P \times N \times C = \{(p; n; c)\}.$$

这里遇到的记号解释如下：

- p 记录最近一次读入的符号 $a_p \in \Sigma$。
- 对于初始状态 q_0 没有读入的符号，我们还是引入一个符号 a_0(或 0) 来表示它。这个符号不属于 Σ，因此我们可以写 $P = \Sigma \cup 0$。
- n 是由 $m + 1$ 个符号组成的表 $(n_0, n_1, n_2, \cdots, n_m)$，这个表用来更新在 p 之后读入的下一个符号。对于初始状态

$$n = (\epsilon, \epsilon, \epsilon, \cdots, \epsilon) \equiv \epsilon^{m+1},$$

其中 ϵ 表示“空”或不存在。因此我们可以写 $N = (\Sigma \cup \epsilon)^{m+1}$。

- c 是 m 个上下拨动开关组成的表 $c = (c_1, c_2, \cdots, c_m)$。我们把拨动开关的两个状态记为 WHITE 和 BLACK。初始状态下 $c = WHITE^m$。只要从序列 s 中读入一个禁止字，c 就变成 $BLACK^m$。只要 c 没有变成全黑即 $BLACK^m$，状态 q 就是可以接受的。一旦 c 变成全黑，它就会永远保持全黑状态，自动机就认为 s 是一条具有非唯一重构的序列。

3. 初始状态是 $q_0 = (0; \epsilon^{m+1}; WHITE^m)$。

4. 可接受状态是

$$F = (p; n; c \neq BLACK^m). \tag{9.6}$$

5. 自动机 M 的关键要素是转移函数 $\delta(q,a)$。

下面是一个用元语言写出的计算 δ 的简短程序，i 是程序使用的一个工作变量。

```
1   procedure δ((p, n, c), a)
2     if (n_p ≠ ε) & (n_p ≠ a) then
3       i ← p
4       repeat
5         c_i ← BLACK
6         i ← n_i
7       until i = p
8     endif
9     if c_a = BLACK then
10      c ← BLACK^m
11    endif
12    p ← n_p ← a
13  end procedure
```

同理解这个程序有关的自动机基本概念，都可以在文献 [66] 中找到。像通常一样，弄明白这个程序的最好办法，是拿几条定义在一定字母集合上的具有和不具有唯一重构的具体序列，跟随程序中的状态转移走几遍。

为了帮助读者掌握转移函数 δ 的实质，我们证明以下定理：

定理 2: 由公式 (9.5) 所定义的有限状态自动机 M 所接受的语言 $L(M)$，就是定义在含有 m 个符号的字母集合 Σ 上的具有唯一重构的语言 $L \subset \Sigma^*$。

$L(M) = L$ 的证明分成两步。

第一步，我们证明 $L(M) \subset L$，办法是证明所有在补语言 L' 中的序列都不能被自动机 M 接收。

假定 $t \notin L$，于是 t 必定包含禁止字。考虑把 t 提交给 M 时遇到的第一个禁止字。如果这个禁止字属于定理 1 中 (i) 的情形，也就是说它属于 $z\alpha y\gamma x\beta y$ 类型，其中 $x, y \in \Sigma$，$x \neq y$，$\alpha, \beta, \gamma \in L$，$\alpha$ 和 β 非空，而且 α、β 和 γ 既不包含 x 或 y，也不包含全同的符号。现在看看前面 δ 程序的第 2 – 8 行。现在假定 M 达到了一个状态，其中 p 等于第二个 x，于是下一个符号就是 $\delta(q,a)$ 中的 a。如果 β 非空，a 就是 β 的第一个字母，否则 a 就是 y 的最后一个字母。由于第一个 x 之后的字母不可能是 a，程序第 2 行的条件成立。于是第 5 行使得 $c_x = BLACK$。这时从第 4 行到第 7 行的

循环使得对应 $x\alpha y\gamma$ 中符号的每一个拨动开关 c_i 都成为 $BLACK$，其中包括 $c_y = BLACK$。由于变黑的开关不能再变白，当读入最后一个 y 时，第 9 和 10 行的执行使得 c 变成全黑。也就是说，M 进入一个不接受的状态。

当第一个禁止字属于定理 1 中 (ii) 时，即类型 $x\alpha x\beta x$，情形更为简单。我们省去讨论。

第二步，证明 $L \subset L(M)$。这时只需看到读入序列 $t \in L$ 以后，状态 $(p;n;c)$ 属于 (9.6) 式给出的可接受状态 F，也就是说拨动开关 c 不是全黑。

我们对读入的序列 $t \in L$ 的长度 $|t| = N$ 使用算术归纳法来证明。从自动机 M 的定义知道，当 $N = 0$ 时初始状态 $q_0 \in F$，论断成立。现在假定，论断对于 $N - 1$ 成立，讨论 $|t| = N$ 的情形。

由于 L 是可因式化语言，我们把 $t \in L$ 的最后一个符号记做 a，并且把 t 写成 $t = sa$。t 的前缀 s 具有唯一重构，而它的长度是 $N - 1$。因此，读入 s 以后 c 不能是全黑。

现在我们证明，读入 a 以后开关 c 不能变成全黑，否则就会导致矛盾。先假设相反的论断成立，即读入 a 以后，开关 c 变为全黑。考察 δ 程序，看出这只可能在两种情形下出现：

1. 读入 a 以前开关 c_a 已经变黑。因此，读入 a 以后执行 δ 程序第 10 行，使得 c 成为全黑。但是，为了使第 4 行能够执行，第 1 行里的两个条件就必须满足。这意味着序列 s 必须有像 $b\alpha b\beta$ 那样的后缀，其中两个 b 后面的符号必须不同，而且同时必须有 $a \in b\alpha$。于是不论 a 是否等于 b，$t = sa$ 必须包含一个禁止字做后缀。由此导致 $t \notin L$ 的矛盾。
2. 只是在读入 a 以后，开关 c_a 才变成全黑。这时我们必须考虑 s 的最后一个符号。把这个符号记为 p。c_a 变黑发生在第 2 行到第 7 行这个事实表明，t 必须具有后缀 $p\alpha pa$，其中 α 非空；而 α 的第一个符号不是 a，但是 a 出现在 $p\alpha$ 中。因此，不论 p 是否等于 a，$p\alpha pa$ 必须是一个禁止字。这与 $t \in L$ 矛盾。

这样，我们证明了 $L \subset L(M)$。把两部分合并起来，我们就完成了对定理 2 的证明。

显然，M 是一个确定性的有限状态自动机。虽然如何从一个 DFSA 出发，构建相应的 minDFSA 的途径在原则上是清楚的 [66]，但是至今还没有构造出这个最小自动机。看来这是由于前面构建的可能是一类特殊的确定性自动机。它的特性还有待深入研究。最近，论文 [74] 的作者撰文 [75]，文

中根据李强的通信讨论，指出相应的确定性有限状态自动机至少具有阶乘 $(|\Sigma|!)$ 多个状态，而最小确定性有限状态自动机具有指数多个状态。

9.3 具有巨大重构数目的蛋白质

第 9.1节末尾提到了两个解决重构数目的程序，上一节中又介绍了第三个程序，即判断一个蛋白质序列在给定 K 值下是否具有唯一重构的有限状态自动机。有了这些程序以后，可以不需要生物学预备知识，去做一些有趣的事情。

首先可以选取一个比较大的真实蛋白质的数据库，看看各个蛋白质在何种 K 值下具有唯一重构。早在 2007 年，复旦大学理论生命科学研究中心的两位研究生就考察了由 6000 多个蛋白质组成的一个数据库，发现大多数天然蛋白质在 $K = 5 \sim 6$ 时具有唯一重构 [131]。这曾经是支持使用组分矢量来比较基因组，而不靠序列联配的重要事实。现在已知的天然蛋白质序列的数目已经大为增加，论文 [131] 的观察是否继续有效？目前质量最好的蛋白质数据库是经过人工审读的瑞士蛋白质库 SwissProt[113]。2015 年 4 月版的 SwissProt 库包含 548 208 条蛋白质序列。把判断重构唯一性的 DFSA 程序用到每一条蛋白质上，求得使其具有唯一重构的最小 K 值。显然，对于特定蛋白质，一旦在某个 K 值下重构数目降到 1，对于更大的 K 值重构永远唯一。

图 9.3给出 $K \le 20$ 时，每个 K 值下具有唯一重构的蛋白质的累计数目，在总数 548 208 中所占比例 (百分比)。可见在 $K = 4 \sim 7$ 的区间，具有唯一重构的蛋白质数目迅速超过 98%，在 $K = 20$ 时达到 99.8% 以上。

图 9.3的另一个值得注意的特点，在于 K 值继续增加时，具有唯一重构的蛋白质比例迟迟达不到 100%。可以从重构数目计算的结果里，挑选出少数重构数目特别巨大的蛋白质。例如，在上述瑞士蛋白质库中，有 61 个蛋白质在 $K \ge 100$ 以后才具有唯一重构。特别是蛋白质 ANC1_CAEEL 达到唯一重构的肽段长度是 $K = 1120$。我们不借助任何生物学知识，仅仅从重构数目特别巨大这一事实，挑选出来少数蛋白质。这是些什么蛋白质呢？

可以用许多种办法对蛋白质进行分类。有一种方式把蛋白质分成三类：珠蛋白、纤维蛋白和膜蛋白。珠蛋白一般在生物化学反应中起催化剂即酶的作用。纤维蛋白通常完成某些机械功能，如肌肉、毛发、角蛋白丝等。膜蛋白负责在膜内外传送物质或信息，它们依靠膜来形成特定结构，并不独立地

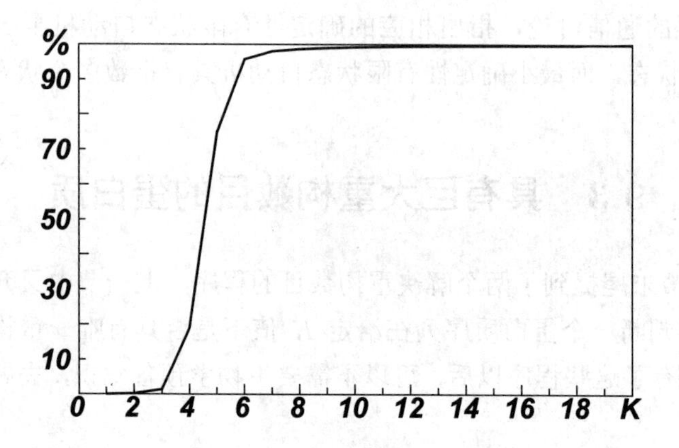

图 9.3: 具有唯一重构的蛋白质序列的比例随 K 迅速增长。

折叠。许多纤维蛋白具有较大或很大的重构数目。有些抗冻蛋白含有重复的丙氨酸 (A) 串，其重构数目也比较高。

下面的表 9.1中列举了一些重构数目比较巨大的蛋白质 [107]。

表 9.1: 具有较大重构数目的一些蛋白质

蛋白质	氨基酸数	开始唯一的 K
APOA_HUMAN	4548	35
RPB1_YEAST	1733	36
ICEN_PSESY	1200	46
NEBU_HUMAN	6669	59
FIB1_PETMA	966	61
MAGA_XENLA	303	84
SRTX_ATREN	543	101
CR1_HUMAN	2039	103
CNA_STAAU	1183	128
CIPA_CLOTM	1853	179

附录：本书提到的几个程序

本书提到了一些我们自己发展和使用过的程序。这些程序不是常规的序列联配或统计分析工具，而是粗粒化和视像化的实现或补充。它们是在特定计算平台上可以运行的版本，但是并没有经过优化，我们也不对使用这些程序的后果承担任何责任。在这个附录中，给出可以调用或获得程序的途径。有兴趣的读者可以自己冒险尝试。

1 绘制细菌“肖像”的 SeeDNA 程序

显示基因组或长 DNA 序列中寡核苷酸分布的 SeeDNA 程序已经在第四章 4.2节里描述过。这个程序是郝柏林、张淑誉在 1997 年访问台湾中坜中央大学时，同李弘谦等用 UNIX 系统最底层的 Xlib 写成的，其算法发表在论文 [47] 中。后来经浙江大学计算机系研究生沈俊杰重写并包装，这个程序发表在文献 [106] 中。它在具有图形包 GTK 支持的 UNIX/LINUX 系统上编译和运行，其源代码可以从作者的个人网页下载：

http://www.itp.ac.cn/~hao/SeeDNA.tar.gz

由于 C 语言标准和库函数的变化，它在有些平台上已经不能顺利编译。这时可以试用 2015 年经复旦大学计算机系研究生郭立鹏修改过的版本：

http://www.itp.ac.cn/~hao/SeeDNA-1.1.zip

2 二维 DNA 行走程序 DNAWalk

在第二章 2.4.2节中描述了一维和二维的 DNA 行走。彭仲康等 1992 年使用的是一维行走程序。1997 年纪丰民博士在访问台湾期间编写的二维行走程序 DNAWalk，现在仍有可以在某些 PC 计算机上运行的目标代码可供下载试用。但是我们不提供源程序和服务。

http://www.itp.ac.cn/~hao/DNAWalk.zip/

在 PC 环境中下载解压后，在 DNAWalk 子目录中执行 DNA.exe。作为输入的基因组 GenBank 文件，需要事先删去前面的注释文字。子目录中有 3 个供试用的删去了注释的基因组文件。它们是 NC000907(流感嗜血菌)、NC000913(大肠杆菌 K12 株) 和 NC002755(肺结核分枝杆菌 CDC1551 株)。程序先判断二维 DNA 行走所能达到的最远点，确定绘图框架的尺寸，然后开始行走。每行走若干步，改变一次输出点的颜色，以便给出行走步数的大致概念。本书图 2.1或彩图 1 所给出的行走示例，每走 10 000 步改变一次红黑颜色。用户界面中的文字是繁体汉字。

3 寻找水稻基因的 BGF 程序

在水稻基因组中寻找基因的 BGF(Beijing Gene-Finder) 程序，是我国籼稻 (*Oryza sativa* L. ssp. *indica*) 基因组测序计划 [138, 139] 的一部分。它的描述和测试情况见文献 [78]。这个程序还曾被训练用来在家蚕基因组中寻找基因。用户可以把基因组序列提交到以下网址进行测试：

http://tlife.fudan.edu.cn/bgf/

(复旦大学理论生命科学研究中心) 或

http://bgf.genomics.org.cn/

(BGI 华大基因)。有关 BGF 程序的问题，可以同它的主要作者刘劲松博士 (liujs@fudan.edu.cn) 或徐昭博士 (xuzh.fdu@gmail.com) 讨论。用于测试水稻找基因程序的两个测试数据集 OsSNG550 和 OSMTG62，前者包含 550 条单基因序列，后者包含 62 条含有 4 至 8 个基因的序列。这些序列可以从上述 BGF 网页或本书作者的个人网页获得：

http://www.itp.ac.cn/~hao/OsSNG550.fas/

http://www.itp.ac.cn/~hao/OsMTG62.fas/

4 从基因组数据构建亲缘关系的 CVTree 程序

本书第八章介绍了如何从基因组数据、不使用序列联配来构建微生物的亲缘关系，并且与分类系统在各个层次上进行比较。我们建议的组分矢量方法，原理很简单，但是实现过程涉及大量高维矢量和矩阵的存储和操作。为了便于生物学家们直接使用这套方法，我们发表了供自由使用的网络服务器 CVTree。自 2004 年以来，一共推出了 3 个版本 [95, 136, 148]。特别是最新的版本 CVTree3 在一台具有 64 个核的集群计算机上运行，具有更强大的处理能力。我们不提供涉及网络程序设计技巧和具体计算平台的源程序，建议读者直接在浏览器里使用这些网络服务器。2009 年的版本 [136] 在：

http://tlife.fudan.edu.cn/cvtree/

2015 年正式发表的 CVTree3 服务器 [148] 的网址是：

http://tlife.fudan.edu.cn/cvtree3/

它们都配有在线和可供打印的使用说明书。

为了帮助有深入研究意向的读者，我们还可以向非商业性用户提供只包含组分矢量方法核心计算部分的、非网络服务器版本的独立 (stand-alone) 程序 cvtree.tar.gz。有兴趣的读者可以同左光宏博士 (ghongzuo@gmail.com) 联系。

5 欧拉圈计数程序 ModifiedBEST

给定蛋白质序列和一个特定的整数 K，计算由此序列定义的欧拉图上有多少不同的欧拉圈。最直接的办法，是对蛋白质分解所得到的 K 串集合，进行穷举式的拼接尝试，记录下每一次成功的重构结果。这个程序中必须事先设定一个最大次数，成功拼接超过这个最大次数以后，就给出信息，转而处理下一个蛋白质序列。这是因为，确实有少量蛋白质具有极其巨大的重构数目，它们会使程序无休止地运行下去。这个“硬算”办法并不高明，我们不再叙述，也不提供程序。

更简捷的是第九章的 9.1节末尾提到的第二种程序，它直接去实现推广的 BEST 公式 (9.2)。这个名为 ModifiedBEST 的程序没有调用任何特别的库函数，应当可以在多数 UNIX/LINUX 环境下编译和运行。源程序可以从本书作者的个人网页下载：

http://www.itp.ac.cn/~hao/ModifiedBEST.cpp

它接受一个 FASTA 格式的蛋白质序列，构造从 $K = 4$ 开始的欧拉图，计算重构序列的数目。如果重构数大于 1，就把 K 加 1 再算，直到得到重构数目为 1 的 K 值。

6 判断重构唯一性的有限状态自动机

李强博士编写的 LQEuler 程序，实现了论文 [80] 即本书第九章 9.2.2节所描述的判断序列重构唯一性的有限状态自动机。它只对给定 K 值下重构是否唯一回答“是”或“否”，不计算重构序列的数目，也不给出序列。这个程序还处于继续发展和改进的过程中。真正对它有兴趣的读者，可以直接同李强博士 (qiang.li@fudan.edu.cn) 联系。

参考文献

[1] M. D. Adams, S. E. Celniker, R. A. Holt, *et al.* (2000) The genome sequence of *Drosophila melanogaster*. *Science*, **287**(5461): 2185 – 2195.

[2] T. Asai, D. Zaporojets, C. Squires, *et al.* (1999) An *Escherichia coli* strain with all chromosomal rRNA operons inactivated: complete exchange of rRNA genes between bacteria. *Proc. Natl. Acad. Sci.* USA, **96**: 1971 – 1976.

[3] O. T. Avery, C. M. MacLeod, M. McCarty (1944) Studies on the chemical nature of the substances inducing transformation of pneumococcal types. *J. Exp. Med.*, **79**(2): 137 – 158.

[4] Qiyu Bao, Yuqing Tian, Wei Li, *et al.* (2002) A complete sequence of the *Thermoanaerobacter tengcongensis* genome. *Genome Res.*, **12**(5): 689 – 700.

[5] R. Bellman (1957) *Dynamic Programing.* Princeton University Press.

[6] R. Bellman (1962) *Applied Dynamic Programing.* Princeton University Press.

[7] *Bergey's Manual of Determinative Bacteriology: A Key for the Identification of Organisms of the Class Schizomycetes* (1923) Arranged by a Committee of the Society of American Bacteriologists, Baltimore: Williams & Wilkins Co.

[8] Bergey's Manual Trust (2001 – 2012) *Bergey's Manual of Systematic Bacteriology*, vols. 1 – 5. New York and Heidelberg: Springer-Verlag.

[9] F. R. Blattner, G. Plunkett III, C. A. Bloch, *et al.* (1997) The complete genome sequence of *Escherichia coli* K12. *Science*, **277**(5331): 1453 – 1462.

[10] B. Bollobás (1998) *Modern Graph Theory.* New York: Springer-Verlag.

[11] P. Bork (2000) Powers and pitfalls in sequence analysis: the 70% hurdle. *Genome Res.*, **10**(4): 398 – 400.

[12] D. J. Brenner, J. T. Staley, N. R. Krieg (2005) Classification of procaryotic organisms and the concept of bacterial speciation. Chapter 5 in *Bergey's Manual* [8], 27 – 32.

[13] C. Burge (1997) Identification of genes in human genomic DNA. PhD Thesis. Stanford University.

[14] C. Burge, S. Karlin (1997) Prediction of complete gene structures in human genomic DNA. *J. Mol. Biol.*, **268**: 78 – 94.

[15] C. Burge, S. Karlin (1998) Finding the genes in genomic DNA. *Curr. Opin. Struct. Biol.*, **8**(3): 346 – 354.

[16] T. Cavalier-Smith (2002) The neomuran origin of archaebacteria, the negibacterial root of the universal tree and bacterial megaclassification. *Int. J. Syst. Evol. Microbiol.*, **52**(1): 7 – 76.

[17] R. H. Chan, R. W. Wang, H. M. Yeung (2010) Composition vector method for phylogenetics — a review. The 9th International Symposium on Operations Research and Its Applications (ISORA'10), Chengdu-Jiuzhaigou, China, pp. 13 – 20.

[18] Kahou Chu, Ji Qi, Zuguo Yu, *et al.* (2004) Origin and phylogeny of chloroplasts revealed by a simple correlation analysis of complete genomes. *Mol. Biol. Evol.*, **21**(1): 200 – 206.

[19] 陈国义 (1999) 细菌和酵母菌完全基因组的多重分形、统计和形式语言分析. 中国科学院理论物理研究所博士学位论文，1 – 93.

[20] L. Clarke, J. Carbon (1976) A colony bank containing synthetic Col E1 hybrid plasmids representative of the entire *E. coli* genome. *Cell*, **9**(1): 91 – 99; 也可参看 Waterman 的专著 [123] 第 85 页。

[21] F. Crick (1958) On protein synthesis. *Symp. Soc. Exp. Biol.*, **12**: 138 – 163.

[22] F. Crick (1966) Codon-anticodon pairing: the wobble hypothesis. *J. Mol. Biol.*, **19**(2): 548 – 555.

[23] F. Crick (1970) Central dogma of molecular biology. *Nature*, **227**(5258): 561 – 563.

[24] C. Darwin (1859) *On the Origin of Species by Means of Natural Selection, or the Preservation of Favoured Races in the Struggle for Life*; 马君武的第一个汉译本：达尔文物种原始，上海中华书局，1920。

[25] G. Deckert, P. V. Warren, T. Gaasterland, *et al.* (1998) The complete genome of the hyperthermophilic bacterium *Aquifex aeolicus. Nature*, **392**(6674): 353 – 358.

[26] R. D. Fleischmann, M. D. Adams, O. White, *et al.* (1995) Whole-genome random sequencing and assembly of *Haemophilus influenzae* Rd. *Science*, **269**(5223): 496 – 512.

[27] R. D. Fleischmann, D. Alland, J. A. Eisen, *et al.* (2002) Whole-genome comparison of *Mycobacterium tuberculosis* clinical and laboratory strains. *J. Bacteriol.*, **184**(19): 5479 – 5490.

[28] H. Fleischner (1991) *Eulerian Graphs and Related Topics*, Part 1, Vol. 2. Elsevier, p.IX80.

[29] G. E. Fox, K. R. Pechman, C. R. Woese (1977) Comparative cataloging of 16S ribosomal ribonucleic acid: molecular approach to procaryotic systematics. *Int. J. Syst. Bacteriol.*, **27**: 44 – 57.

[30] G. E. Fox, J. D. Wisotzkey, P. Jurtshuk (1992) How close is close: 16S rRNA sequence identity may not be sufficient to guarantee species identity. *Int. J. Syst. Bacteriol.*, **42**(1): 166 – 170.

[31] C. M. Fraser, J. D. Gocayne, O. White, *et al.* (1995) The minimal gene complement of *Mycoplasma genitalium*. *Science*, **270**(5235): 397 – 403.

[32] Lei Gao, Ji Qi (2007) Whole genome molecular phylogeny of large ds-DNA viruses using composition vector method. *BMC Evol. Biol.*, **7**: 41; http://www.biomedcentral.com/1471-2148/7/41.

[33] Lei Gao, Ji Qi, Bailin Hao (2006) Simple Markov subtraction essentially improves prokaryote phylogeny (a brief review). *AAPPS Bulletin* (June 2006), 3 – 7.

[34] Lei Gao, Ji Qi, Jiandong Sun, *et al.* (2007) Prokaryote phylogeny meets taxonomy: an exhaustive comparison of composition vector trees with systematic bacteriology. SFI Working Paper No. 07-06-10. *Science in China Series C Life Sciences*, **50**(5): 587 – 599; 中文版: **37**(4): 389 – 407.

[35] Lei Gao, Ji Qi, Haibin Wei, *et al.* (2003) Molecular phylogeny of coronaviruses including human SARS-CoV, *Chinese Science Bulletin*, **48**(12): 1170 – 1174; 中文版: **48**(12): 1246 – 1250.

[36] GOLD (Genomes OnLine Database): https://gold.jgi-psf.org/.

[37] W. Gilbert (1991) Towards a paradigm shift in biology. *Nature*, **349**(6305): 99.

[38] I. P. Goulden, D. M. Jackson (1979) An inversion theorem for cluster decomposition of sequences with distinguished subsequences. *J. London Math. Soc.*, **20**: 567 – 576.

[39] I. P. Goulden, D. M. Jackson (1983) *Combinatorial Enumeration*, New York: John Wiley & Sons, reprinted by Dover, 2004.

[40] L. J. Guibas, A. M. Odlyzko (1981) Periods in strings. *J. Combin. Theory*, **A30**: 19 – 42.

[41] C. Guthrie, J. Abalson (1986) Organization and expression of tRNA genes in *Saccharomyces cerevisiae*, In *The Molecular Biology of the*

Yeast Saccharomyces, ed. by J. N. Strathern, E. W. Jones, J. R. Broach, New York: Cold Spring Harbor Laboratory, 487 – 828.

[42] Bailin Hao (2000) Fractals from genomes: exact solutions of a biology-inspired problem. *Physica A*, **282**: 225 – 246.

[43] Bailin Hao (2002) 'Spatial-temporal' patterns in prokaryote genomes. *Int. J. Bifurcation Chaos*, **12**(11): 2625 – 2630.

[44] Bailin Hao (2008) A few pieces of mathematics inspired by real biological data, In *Statistical Physics, High Energy, Condensed Matter and Mathematical Physics: Proceedings of the Conference in Honor of C. N. Yang's 85th Birthday*, ed. by M.-L. Ge, C. H. Oh, K. K. Phua, WSPC, 311 – 322.

[45] Bailin Hao (2010) Whole-genome based prokaryotic branches in the Tree of Life, In *Darwin's Heritage Today: Proceedings of the Darwin 200 Beijing International Conference*, ed. by Manyuan Long, Hongya Gu, Zhonghe Zhou, Beijing: High Education Press, 101 – 113.

[46] Bailin Hao (2011) CVTrees support the Bergey's Systematics and provide high resolution at species level and below. *The Bulletin of BISMiS*, **2** (Part 2): 189 – 196.

[47] Bailin Hao, H.-C. Lee, Shuyu Zhang (2000) Fractals related to long DNA sequences and complete genomes. *Chaos Solitons Fractals*, **11**(6): 825 – 836.

[48] Bailin Hao, Lei Gao (2008) Prokaryotic branch of the Tree of Life: a composition vector approach. *J. Systematics Evolution*, **46**(3): 258 – 262.

[49] Bailin Hao, Ji Qi (2003) Vertical heredity vs. horizontal gene transfer: a challenge to bacterial classification. *J. Systems Science Complexity*, **16**(3): 307 – 314.

[50] Bailin Hao, Ji Qi (2003) Prokaryote phylogeny without sequence alignment: from avoidance signature to composition distance. In *Proceedings*

of the *2003 IEEE Bioinformatics Conference CSB2003*, Los Alamitos: IEEE Computer Society, 375 – 384.

[51] Bailin Hao, Ji Qi (2004) Prokaryote phylogeny without sequence alignment: from avoidance signature to composition distance. *J. Bioinformatics and Computational Biology*, **2**(1): 1 – 19.

[52] Bailin Hao, Ji Qi, Bin Wang (2003) Prokaryotic phylogeny based on complete genomes without sequence alignment. *Mod. Phys. Lett. B*, **17**(3): 91 – 94. A brief review and contribution to the International Symposium on Frontiers of Science: In Celebration of the 80th Birthday of Chen Ning Yang (June 2002, Beijing).

[53] Bailin Hao, Huimin Xie (2007) Factorizable language revisited: from dynamics to biology. *Int. J. Mod. Phys. B*, **21**(23/24): 4077 – 4082.

[54] Bailin Hao, Huimin Xie (2008) Factorizable language: from dynamics to biology. Chapter 5 in *Reviews of Nonlinear Science and Complexity*, ed. by H. G. Schuster, Weinheim: Wiley-VCH, 147 – 186.

[55] Bailin Hao, Huimin Xie, Zuguo Yu, *et al.* (2000) Factorizable language: from dynamics to bacterial complete genomes. *Physica A*, **288**: 10 – 20.

[56] Bailin Hao, Huimin Xie, Zuguo Yu, *et al.* (2000) Avoided strings in bacterial complete genomes and a related combinatorial problem. *Ann. Combin.*, **4**: 247 – 255.

[57] Bailin Hao, Huimin Xie, Shuyu Zhang (2001) Compositional representation of protein sequences and the number of Eulerian loops. arXiv: physics/0103028.

[58] Bailin Hao, Weimou Zheng (2014) *Applied Symbolic Dynamics and Chaos*, 2nd ed., Peking University Press and World Scientific Publishing Co.

[59] 郝柏林 (1986) 分形和分维. 科学，**38**(1): 9 – 17.

[60] 郝柏林 (1999) 复杂性的刻画与“复杂性科学”. 科学，**51**(3): 3 – 9.

[61] 郝柏林 (2006) 布朗运动理论一百年. 载：香山科学会议主编. 科学前沿与未来 (第十集): 相对论物理学 100 年的发展与展望. 北京：中国环境科学出版社, 1 – 17；转载于：物理，**40**(1) (2011): 1 – 7.

[62] 郝柏林 (2009) 圣菲研究所与复杂性研究. 科学，**61**(2): 9 – 13.

[63] 郝柏林 (2013) 从抛物线谈起——混沌动力学引论. 修订第 2 版. 北京：北京大学出版社.

[64] 郝柏林，张淑誉（2002）生物信息学手册. 第 2 版. 上海：上海科学技术出版社.

[65] R. V. L. Hartley (1928) Transmission of information. *The Bell System Technical J.*, **7**: 535 – 563.

[66] J. Hopcroft, J. Ullman (1979) *Introduction to Automata Theory, Languages, and Computation*. Reading: Addison-Wesley.

[67] Rui Hu, Bin Wang (2001) Statistically significant strings are related to regulatory elements in the promoter regions of *Saccharomyces cerevisiae*. *Physica A*, **290**: 464 – 474.

[68] J. P. Hutchinson (1975) On words with prescribed overlapping subsequences. *Utilitas Math.*, **7**: 241 – 250.

[69] International Human Genome Sequencing Consortium (2001) Initial sequencing and analysis of the human genome. *Nature*, **409**(6822): 860 – 921.

[70] H. J. Jeffrey (1990) Chaos game representation of gene structure. *Nucl. Acids Res.*, **18**(8): 2163 – 2170.

[71] H. J. Jeffrey (1992) Chaos game visualization of sequences. *Comput. Graph.*, **15**: 25 – 33.

[72] M. Kimura (1983) *The Neutral Theory of Molecular Evolution*. Cambridge University Press.

[73] Chungming Ko (2002) Distribution of the units digit of primes. *Chaos Solitons Fractals*, **13**(6): 1295 – 1302.

[74] L. Kontorovich (2004) Uniquely decodable n-gram embeddings. *Theor. Comput. Sci.*, **329**(2): 271 – 284.

[75] A. Kontorovich, A. Trachtenberg (2014) Deciding unique decodability of bigram counts via finite automata. *J. Computer System Sciences*, **80**(2): 450 – 456.

[76] E. S. Lander, M. S. Waterman (1988) Genomic mapping by fingerprinting random clones: a mathematical analysis. *Genomics*, **2**: 231 – 239.

[77] S. P. Lapage, P. H. A. Sneath, E. F. Lessel, *et al.* (1992) *International Code of Nomenclature of Bacteria: Bacteriological Code, 1990 Revision.* Washington DC: ASM Press.

[78] Heng Li, Jinsong Liu, Zhao Xu, *et al.* (2005) Test data sets and evaluation of gene prediction programs on the rice genome. *J. Computer Science and Technology*, **20**(4): 446 – 453.

[79] 李强 (2009) 关于 K 串组成的一个试探性的进化模型以及序列的唯一重建问题. 复旦大学物理系博士学位论文.

[80] Qiang Li, Huimin Xie (2008) Finite automata for testing composition-based reconstructibility of sequences. *J. Computer System Sciences*, **74**(5): 870 – 874.

[81] Qiang Li, Zhao Xu, Bailin Hao (2010) Composition vector approach to whole-genome-based prokaryotic phylogeny: success and foundations. *J. Biotechnology*, **149**(3): 115 – 119.

[82] Wen-Hsiung Li (1997) *Molecular Evolution.* Sunderland: Sinauer Associates.

[83] D. C. Liebler (2002) *Introduction to Ptoteomics: Tools for the New Biology.* Totowa, NJ: Humana Press, 27.

[84] W. Ludwig, H.-P. Klenk (2001) Overview: a phylogenetic backbone and taxonomic framework for prokaryotic systematics. in [8] vol. 1, 49 – 75.

[85] A. M. Maxam, W. Gilbert (1977) A new method for sequencing DNA. *Proc. Natl. Acad. Sci.* USA, **74**(2): 560 – 564.

[86] H. Michel (1999) The future of the molecular biosciences: consequences of the massive parallel approach. In *Science and Technological Development: A Retrospective View over the Past Century and a Prospective Look into the Future*, Bilingual edition, Shanghai: Shanghai Education Press, 68 – 78.

[87] R. Mihaescu, D. Levy, L. Pachter (2009) Why neighbor-joining works. *Algorithmica*, **54**(1): 1 – 24.

[88] M. Nei, S. Kumar (2000) *Molecular Evolution and Phylogenetics.* Oxford University Press.

[89] J. Noonan, D. Zeilberger (1999) The Goulden-Jackson cluster method: extensions, applications and implementations. *J. Difference Eqs. Appl.*, **5**: 355 – 377.

[90] C.-K. Peng, S. V. Buldyrev, A. L. Goldberger, *et al.* (1992) Long-range correlations in nucleotide sequences. *Nature*, **356**(6365): 168 – 170.

[91] O. E. Percus, P. A. Whitlock (1995) Theory and application of Marsaglia's monkey test for pseudorandom number generators. *ACM Transactions on Modeling and Computer Simulation*, **5**(2): 87 – 100.

[92] P. A. Pevzner (2000) *Computational Molecular Biology: An Algorithmic Approach.* Cambridge, MA: The MIT Press.

[93] P. Prusinkiewicz, A. Lindenmayer (1990, 1996, 2004) *The Algorithmic Beauty of Plants.* New York: Spinger-Verlag. (此书已经可以从网上自由下载)

[94] Ji Qi, Bin Wang, Bailin Hao (2004) Whole genome prokaryote phylogeny without sequence alignment: a K-string composition approach. *J. Mol. Evol.*, **58**(1): 1 – 11.

[95] Ji Qi, Hong Luo, Bailin Hao (2004) CVTree: a phylogenetic tree reconstruction tool based on whole genomes. *Nucl. Acids Res.*, **32**(Web Server Issue): W45 – W47.

[96] M. A. Quail, M. Smith, P. Coupland, *et al.* (2012) A tale of three next generation sequencing platforms: comparison of Ion Torrent, Pacific Biosciences and Illumina MiSeq sequencers. *BMC Genomics*, **13**: 341.

[97] M. Riley, T. Abe, M. B. Arnaud, *et al.* (2006) *Escherichia coli* K12: a cooperatively developed annotation snapshot – 2005. *Nucl. Acids Res.*, **34**(1): 1 – 9.

[98] R. Rammal, G. Toulouse, M. A. Virasoro (1986) Ultrametricity for physicists. *Rev. Mod. Phys.*, **58**: 765 – 788.

[99] G. Rozenberg, A. Salomaa, eds. (1997) *Handbook of Formal Languages*, vols. 1 – 3. Berlin: Springer-Verlag.

[100] N. Saitou, M. Nei (1987) The neighbor-joining method: a new method for reconstructing phylogenetic trees. *Mol. Biol. Evol.*, **4**(4): 406 – 425.

[101] F. Sanger (1958) The chemistry of insulin. (1958 年 12 月 11 日的诺贝尔化学奖获奖演说)

[102] F. Sanger, S. Nicklen, A. R. Coulson (1977) DNA sequencing with chain-terminating inhibitors. *Proc. Natl. Acad. Sci.* USA, **74**(12): 5463 – 5467.

[103] Gao Shan, Weimou Zheng (2009) Counting of oligomers in sequences generated by Markov chains for DNA motif discovery. *J. Bioinf. Comput. Biol.*, **7**(1): 39 – 54.

[104] C. E. Shannon (1948) A mathematical theory of communication. *The Bell System Technical J.*, **27**(3): 379 – 423, 623 – 676.

[105] H. J. Shyr (1991) *Free Monoids and Languages.* Taichong: Hon Min Book Company.

[106] Junjie Shen, Shuyu Zhang, Hoong-Chien Lee, *et al.* (2004) SeeDNA: a visualization tool for K-string content of long DNA sequences and their randomized counterparts. *Genomics, Proteomics and Bioinformatics*, **2**(3): 192 – 196.

[107] Xiaoli Shi, Huimin Xie, Shuyu Zhang, *et al.* (2007) Decomposition and reconstruction of protein sequences: the problem of uniqueness and factorizable language. *J. Korean Phys. Soc.*, **50**(1): 118 – 123.

[108] N. J. A. Sloane (1964 年创建) The On-Line Encyclopedia of Integer Sequences: http://oeis.org.

[109] N. J. A. Sloane, S. Plouffe (1995) *The Encyclopedia of Integer Sequences.* New York: Academic Press. (还可以参看《在线整数序列百科全书》[108])

[110] A. R. Smith (1984) Plants, fractals, and formal languages. *Computer Graphics*, **18**(3): 1 – 10.

[111] J. T. Staley (2006) The bacterial species dilemma and the genomic-phylogenetic species concept. *Phil. Trans. R. Soc. B*, **361** (1475): 1899 – 1909.

[112] Jiandong Sun, Zhao Xu, Bailin Hao (2010) Whole-genome based Archaea phylogeny and taxonomy: a composition vector approach. *Chinese Science Bulletin*, **55**(22): 2323 – 2328.

[113] SwissProt 蛋白质数据库，请从 UNIPROT 网址访问：http://www.uniprot.org/uniprot/.

[114] The Rice Full-Length cDNA Consortium (2003) Collection, mapping, and annotation of over 28,000 cDNA clones from *japonica* rice. *Science*, **301**(5631): 376 – 379.

[115] 田李，张颖，赵云峰 (2015) 新一代测序技术的发展和应用. 生物技术通报，**31**(11 生物信息学专辑): 1 – 8.

[116] P. Tiňo (2002) Multifractal properties of Hao's geometric representations of DNA sequences. *Physica A*, **304**: 480 – 494.

[117] E. Ukkonen (1992) Approximate string-matching with *q*-grams and maximal matches. *Theor. Comput. Sci.*, **92**(1): 191 – 211.

[118] J. C. Venter, M. D. Adams, E. W. Myers, *et al.* (2001) The sequence of the human genome. *Science*, **291**(5507): 1304 – 1351.

[119] V. G. Voinov, M. S. Nikulin (1993) *Unbiased Estimators and Their Applications*, vol. 1 Univariate Case; vol. 2 Multivariate Case. Berlin: Springer-Verlag.

[120] Hao Wang, Zhao Xu, Lei Gao, *et al.* (2009) A fungal phylogeny based on 82 complete genomes using the composition vector method. *BMC Evol. Biol.*, **9**: 195.

[121] Xiyin Wang, Xiaoli Shi, Bailin Hao (2002) The transfer RNA genes in *Oryza sativa* L. ssp. *indica*. *Science in China Series C Life Sciences*, **45**(5): 504 – 511.

[122] Xiyin Wang, Xiaoli Shi, Bailin Hao (2004) The tRNA and rRNA genes in the *Oryza sativa* genome. *Acta Genetica Sinica*, **31**(9): 871 – 877.

[123] M. S. Waterman (1995, 2000) *Introduction to Computational Biology: Maps, Sequences and Genomes.* London: Chapman & Hall.

[124] Haibin Wei, Ji Qi, Bailin Hao (2004) Prokaryote phylogeny based on ribosomal proteins and aminoacyl tRNA synthetases by using the compositional distance approach. *Science in China Series C Life Sciences*, **47**(4): 313 – 321. 中文：组分距离方法构建基于核糖体蛋白质或氨酰 tRNA 合成酶的原核生物亲缘树. 中国科学 C 辑生命科学, **34**(2): 186 – 194.

[125] W. B. Whitman (2011) Intent of the nomenclature Code and recommendations about naming new species based on genomic sequences. *Bulletin of MISMiS*, **2** (part 2): 135 – 139.

[126] W. B. Whitman, D. C. Coleman, W. J. Wiebe (1998) Prokaryotes: the unseen majority. *Proc. Natl. Acad. Sci.* USA, **95**(12): 6578 – 6583.

[127] S. Wolfram (1984) Computation theory of cellular automata. *Commun. Math. Phys.*, **96**(1): 15 – 57.

[128] C. R. Woese (1998) A manifesto for microbial genomics. *Current Biology*, **8** (22): R781 – R783.

[129] C. R. Woese, E. Stackebrandt, T. J. Macke, *et al.* (1985) A phylogenetic definition of the major eubacterial taxa. *Syst. Appl. Microbiol.*, **6**(2): 143 – 151.

[130] Zuobing Wu (2000) Metric representation of DNA sequences. *Electrophoresis*, **21**(12): 2321 – 2326.

[131] Li Xia, Chan Zhou (2007) Phase transition in sequence unique reconstruction. *J. Systems Sci. Complexity*, **20**(1): 18 – 29.

[132] 谢惠民 (1994) 复杂性与动力系统. 上海：上海科技教育出版社.

[133] 谢惠民 (2001) 动态规划与隐马尔可夫模型 (为华大基因 BGF 工作组编写的讲义，未正式发表). 1 – 16.

[134] Huimin Xie (1996) *Grammatical Complexity and One-Dimensional Dynamical Systems.* Singapore: World Scientific Publishing Co.

[135] Huimin Xie, Bailin Hao (2002) Visualization of K-tuple distribution in prokaryote complete genomes and their randomized counterparts. In *Proceedings: IEEE Computer Society Bioinformatics Conference CSB2002*, Los Alamitos: IEEE Computer Society, 31 – 42.

[136] Zhao Xu, Bailin Hao (2009) CVTree update: a newly designed phylogenetic study platform using composition vectors and whole genomes. *Nucl. Acids Res.*, **37**(Web Server issue): W174 – W178.

[137] P. Yarza, M. Richter, J. Peplies, *et al.* (2008) The All-Species Living Tree project: a 16S rRNA-based phylogenetic tree of all sequenced type strains. *Syst. Appl. Microbiol.*, **31**(4): 241 – 250.

[138] Jun Yu, Songnian Hu, Jun Wang, *et al.* (2001) A draft sequence of the rice (*Oryza sativa* ssp. *indica*) genome. *Chinese Sci. Bull.*, **46**(23): 1937 – 1942.

[139] Jun Yu, Songnian Hu, Jun Wang, *et al.* (2002) A draft sequence of the rice (*Oryza sativa* L. ssp. *indica*) genome. *Science*, **296**: 79 – 92.

[140] Zuguo Yu (2001) Fuzzy L Languages. *Fuzzy Sets Systems*, **117**(2): 317 – 321.

[141] Zuguo Yu, Bailin Hao, Huimin Xie, *et al.* (2000) Dimensions of fractals related to languages defined by tagged strings in complete genomes. *Chaos Solitons Fractals*, **11**: 2215 – 2222.

[142] Chunting Zhang, Ren Zhang (1991) Diagrammatic representation of the distribution of DNA bases and its applications. *Int. J. Biol. Macromol.*, **13**(1): 45 – 49.

[143] Chunting Zhang, Ren Zhang (2004) A nucleotide composition constraint of genome sequences. *Comput. Biol. Chem.*, **28**(2): 149 – 153.

[144] Liping Zhao (2013) The gut microbiota and obesity: from correlation to causality. *Nature Rev. Microbiol.*, **11**(9): 639 – 647.

[145] Weimou Zheng, Kesong Liu (2010) Counting of a degenerate word in random sequences. *Open Appl. Informatics J.*, **4**: 10 – 14.

[146] Chan Zhou, Huimin Xie (2004) Exact distribution of the occurrence number for K-tuples over an alphabet of non-equal probability letters. *Ann. Combin.*, **8**(4): 499 – 506.

[147] E. Zuckerkandl, L. Pauling (1965) Molecules as documents of evolutionary history. *J. Theor. Biol.*, **8**(2): 357 – 366.

[148] Guanghong Zuo, Bailin Hao (2015) CVTree3 web server for whole-genome-based and alignment-free prokaryotic phylogeny and taxonomy. *Genomics Proteomics Bioinformatics*, **13**(5): 321 – 331.

[149] 左光宏，郝柏林 (2015) 基于全基因组的微生物亲缘关系和分类系统研究工具 CVTree3. 生物技术通报，**31**(11 生物信息学专辑)：61 – 67。

[150] Guanghong Zuo, Xiaoyang Zhi, Zhao Xu, Bailin Hao (2016) LVTree Viewer: An interactive display for the All-Species Living Tree incorporating automatic comparison with prokaryotic taxonomy. *Genomics Proteomics Bioinformatics*, **14**(2): 94 – 102.

[151] Guanghong Zuo, Bailin Hao, J. T. Staley (2014) Geographic divergence of "*Sulfolobus islandicus*" strains assessed by genomic analyses

including electronic DNA hybridization confirms they are geovars. *Antonie van Leeuwenhoek J. Microbiol.*, **105**(2): 431 – 435.

[152] Guanghong Zuo, Zhao Xu, Bailin Hao (2013) *Shigella* strains are not clones of *Escherichia coli* but sister species in the genus *Escherichia*. *Genomics Proteomics Bioinformatics*, **11**(1): 61 – 65.

[153] Guanghong Zuo, Zhao Xu, Bailin Hao (2015) Phylogeny and taxonomy of Archaea: a comparison of the whole-genome-based CVTree approach with 16S rRNA sequence analysis. *Life*, **5**(1): 949 – 968.

[154] Guanghong Zuo, Zhao Xu, Hongjie Yu, *et al.* (2010) Jackknife and bootstrap tests of the composition vector trees. *Genomics Proteomics Bioinformatics*, **8**(4): 262 – 267.

策　　划　叶　剑　王世平
责任编辑　殷晓岚
封面设计　汤世梁

来自基因组的一些数学

郝柏林　著

出版发行　上海科技教育出版社有限公司
（上海市柳州路218号　邮政编码200235）
网　　址　www.sste.com　www.ewen.co
经　　销　各地新华书店
印　　刷　常熟文化印刷有限公司
开　　本　720×1000　1/16
印　　张　11
插　　页　4
版　　次　2015年12月第1版
印　　次　2017年12月第2次印刷
书　　号　ISBN 978-7-5428-6331-7/N.956
定　　价　42.00元